상수도시설

노 섭 저

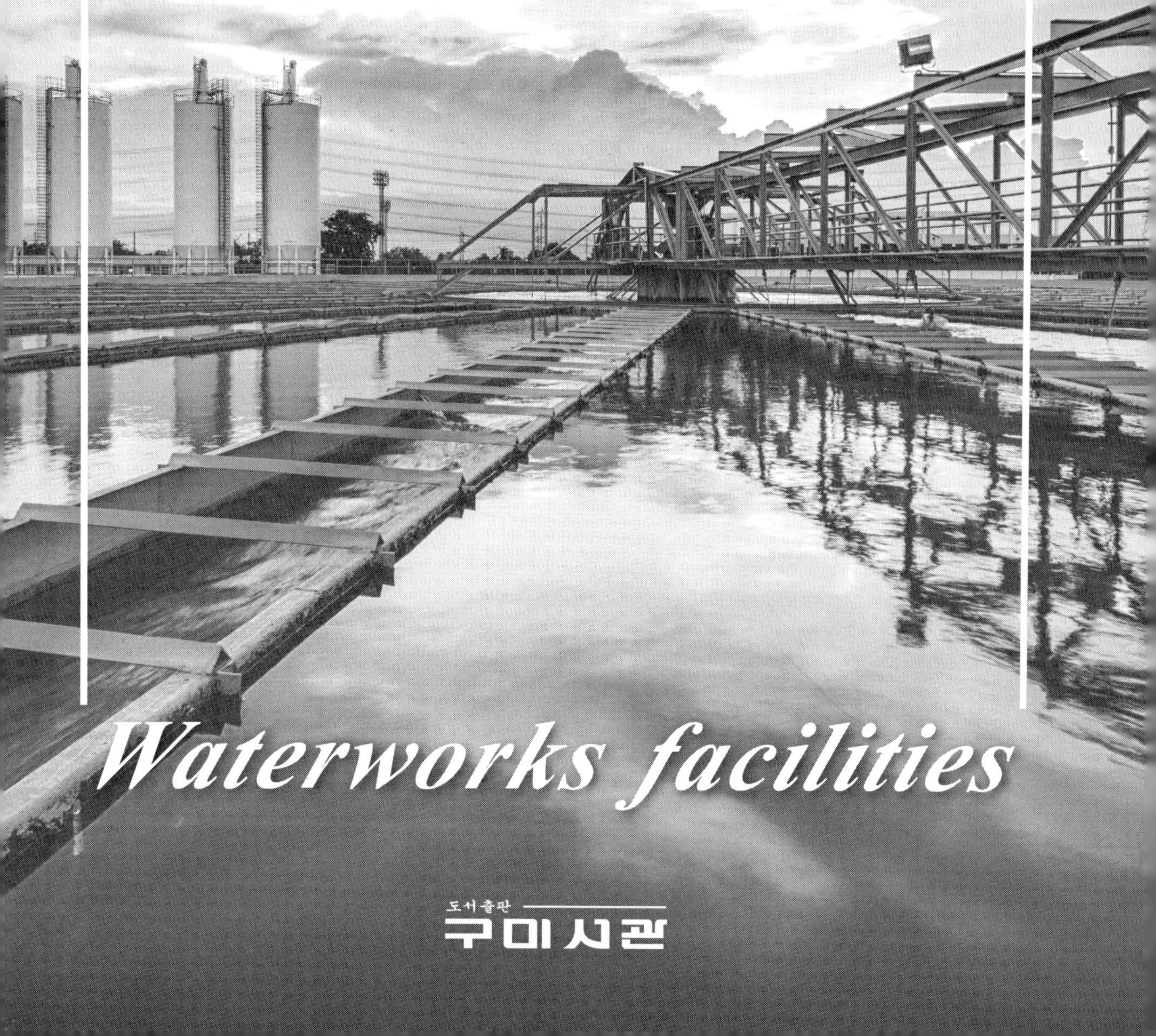

Waterworks facilities

도서출판
구미서관

머리말

인류는 풍요로운 세상을 만들기 위하여 끊임없는 성장과 각종 개발에 열중하였으나, 최근 환경보호라는 큰 문제에 부딪히게 되었다. 이러한 환경과 관련된 문제는 일본에서 방사능에 오염된 후쿠시마 원자력발전소 냉각수 해상방류와 같이 각 나라마다의 문제와 더불어 국제적인 대응이나 대책이 요구되고 있으며 정치적인 문제로 까지 발전하고 있다. 이와 같이 환경의 문제는 매우 복잡한 관계를 가지므로 단순한 대책 및 대응으로 마무리 할 수 없을 것이다.

오늘날 제 4차 산업이라고 하는 산업의 급격한 발전과 인구의 도시집중, 에너지의 대량사용, 기후변화 및 지구온난화 등 하천의 자정작용 한계를 넘어서는 폐수와 폐기물이 정화과정을 완벽하게 거치지 않고 방출되어 생태계에 영향을 미치고 국민건강에 심각한 문제를 야기하고 있다. 그러므로 상수도 및 하수도의 처리효과 향상을 위하여 생물학적, 화학적, 물리적인 처리 등 다양한 공정에 의한 처리시스템을 구성해야 하므로 상수도 및 하수도 공학이 다루어야 할 분야가 더욱 확대되고 있다.

이 책의 내용을 정리해보면 1장에는 상수도의 시설계획에 대하여 설명하였고, 2장에서는 상수관로 시설을 설명하였으며, 3장에서는 정수장 시설을 다루었다. 각 장에는 실무능력을 향상시킬 실무예제와 각 내용에서 중요한 핵심내용 및 연습문제(되짚어보기)로 구성되었다.

이와 같이 본 책의 목적은 인류가 생명을 유지하고 생활하는데 필수적인 물에 관하여 전공자가 상수도시설에 관한 정보를 습득하는데 가능한 편리하도록 하는데 있으므로 편한 마음으로 접근하기를 당부한다. 이와 같이 상수도시설에 대한 정보를 정확한 이해와 용이한 접근성을 통하여 향후 물과 관련된 학문을 수학하는 전공학도들과 물과 관련된 업무에 종사하는 실무기술자에게 도움이 되도록 기여하고자 한다.

CHAPTER 1 상수도 시설계획

목 차

CHAPTER 2 상수관로 시설 및 계획

CHAPTER 3 수질 및 정수장시설

부록

CHAPTER

1

상수도 시설계획

Waterworks facilities

CHAPTER 1 상수도 시설계획

1.1 상수도

· TIP

주요 정리사항은 상수도의 정의, 목적, 효과 및 용어이며, 기타 필요성, 수자원, 연혁에 대하여 상수도를 학습하는 입장에서 상식적인 수준으로 정리하고 이해한다.

1.1.1 상수도의 필요성

인간생활에 필수적인 것을 열거하면 여러 가지가 있겠으나 물과 공기는 의심의 여지가 없는 중요한 성분이다. 인체는 중량비로 약 60~65%가 수분으로 구성되어 있으며, 인체내에서 수분의 역할은 매우 중요하다. 한편, 물은 식음료(drinking), 요리(cooking), 세탁이나 세척(washing, clearing), 목욕(bathing), 정원(gardening), 가로의 살수(sprinkling), 소화용수(fire extinguish), 수세식화장실(flush lavatory), 상업 및 공업용수(use of commercial and industry) 등 인간생활에 광범위하게 필요하다.

예전에는 주로 우물을 통하여 물의 수요를 충족하였으나 산업사회로의 진입과 더불어 인구의 도시집중화에 따른 물의 수요를 우물만을 가지고는 충족시키기 어렵게 되었으며, 각종 오폐수의 증가로 주로 사용되는 수원인 지표수 및 지하수가 오염되어 수량부족의 문제와 함께 수질문제도 대두되고 있다. 여기에는 최근 이상 기후와 환경오염으로 홍수와 가뭄의 영향이 점차 심각해짐에 따라 홍수로부터 피해를 줄이고 깨끗한 환경과 양질의 물을 인간에게 제공하는 문제는 지구상의 대부분 국가들이 해결해야할 공통적인 과제이다. 그러므로 상수도시설의 필요성을 단순하게 표현하자면, 물의 수요를 충족시키는 수량의 문제와 양질의 물을 공급하는 수질의 문제를 해결하기 위함이다.

물의 여러 역할 중에서 소화용수의 경우 현재 대형화 되어가는 건축물 등 각 종 구조물의 추세에 비추어 우물 등과 같은 상수원으로는 수량이나 수압을 감당하지 못하므로 상수도시설의 필요성을 한층 강화시키게 하며, 수세식화장실의 경우도 반드시 상수도시설이 있어야만 한다.

상수도시설이 보급되는 과정을 살펴보면, 당초 상수도시설목적은 원수를 그대로 공급하는 것이었으나, 19세기초에 물을 여과하여 정화시킨 상태로 공급하기 시작하였다. 이러한 간단한 정화수만으로도 소화기 계통의 전염병은 물론 여러 질병의 발생율이 현저하게 감소되어 위생시설로써 상수도의 중요성이 평가된 후인 19세기 후반기부터는 수도의 보급이 급속하게 이루어졌으며, 도시의 공공시설물중에 최우선적으로 취급하게 되었다.

1.1.2 수자원

지구상에 존재하는 많은 양의 물은 대부분이 해수이고 담수는 약 3%에 불과한데, 이 담수중 대부분은 빙하의 형태로 존재하고 하천이나 호소와 같은 지표수로 존재하는 것은 수자원 총량의 0.017%인 $231 \times 10^{12} m^3$에 불과하다.

물은 모든 생명의 근원이며 인류의 역사는 물과 더불어 시작되었고, 모든 경제 및 사회활동은 물의 공급과 공급되는 물의 질에 크게 의존하고 있어 양질의 물이 풍부한 지역을 중심으로 도시가 발달하고 산업이 발달하였다.

최근에는 급격한 물 수요 증가에 따라 물로 인한 국가간, 지역간 분쟁이 끊이지 않고 있으며, 유엔의 지속 가능한 개발위원회(Commision on Sustainable Development)가 1998년 3월 21일 제5회 세계 물의 날에 발표한 자료에 의하면 2011년에는 연간 20억m^3의 물이 부족할 것이며, 2020년에는 전세계 약 80억 인구의 2/3가 물 부족으로 고통받을 것이라고 경고한 바 있다.

우리 나라의 연평균강우량은 세계평균강우량의 1.3배에 해당하는 1,274mm로서 비교적 풍부한 편이나, 인구 1인당 강수량은 세계평균값의 1/11에 불과한 2,900m^3로 매우 적은 상태이다. 한편 연간 강수량의 2/3가 6, 7, 8, 9월에 집중하고 유역의 유출특성이 불리하여 연간 수자원 총량 1,267억m^3의 25.6%에 해당하는 325억m^3만이 현재 공급 가능하다. 1960년대 이후 산업화와 국민소득 증가 및 인구 증가로 1인 1일당 급수량이 1970년대의 200ℓ에서 1990년대에는 400ℓ로 2배로 증가하는 등 물 수요가 급격하게 증가하고 있어 2011년에는 연간 용수 수요량이 약 370억m^3으로 추정된다. 그러므로 우리나라는 2000년대에 이란, 사우디아라비아 등의 나라와 같은 물 기근국가로 분류될 전망이며 현재도 갈수기에는 해마다 용수부족으로 공업 및 농업용수의 공급에 어려움을 겪고 있는 지역이 여러 곳에 걸쳐 발생하고 있다. 그럼에도 불구하고 물부족 문제를 심각하게 받아들이고 있지 않는 것이 오늘날의 보편적인 정서이며 수자원개발에 따른 환경문제를 이유로 수자원개발에 반대하는 자연보호론자와 지역주민의 반발 때문에 많은 어려움이 있다.

1.1.3 수질오염

수질오염(water pollution)이란 물의 물리적, 화학적 성질이 자연적 또는 인위적 원인으로 인하여 변화되어 물의 이용을 어렵게 하거나 환경에 영향을 주어 수중생물에 영향을 주는 상태로 되는 것을 의미한다. 좁은 의미에서는 인간이나 가축 등의 배설물에 의하여 병원성 미생물이나 기생충 등이 인간에게 수인성(waterborne) 질병을 발생시키는 정도로 수질이 나빠지는 것을 의미하고, 넓은 의미에서는 자연적 또는 인위적인 원인으로 자연수의 성질을 변화시켜 직접 또는 간접적으로 생활용수, 농업용수, 공업용수, 수산업 등의 용수이용에 지장을 주어 경제적 손실이나 공중보건상의 피해를 주는 정도로 수질이 나빠지는 현상을 수질오염이라 한다.

수질오염의 원인으로는 인구증가와 인구의 도시집중, 산업의 발달, 소비증대, 농약사용 등으로 생활배수, 공장배수, 농업 및 축산업 배수 등에 의한 오염량이 하천이나 호수 등의 자정작용(self purification)을 초과하여 유입되어 수자원이 오염되고 있으며, 오염된 하천수가 연근해에 유입되어 연근해에서의 수산업에도 피해를 주고 있다.

수질오염의 종류를 간단하게 분류하면 다음과 같다.

① **도시하수** : 오염원의 가장 큰 비중을 차지하며 대부분이 유기물이고 평균 BOD는 300 ~ 400ppm정도이다.

② **공장폐수** : 공장 등에서 냉각, 세정, 침전, 화학처리 및 기타 공정에서 발생하며 업종이나 작업공정에 따라 매우 다른 종류의 폐수를 배출한다.

③ **분뇨** : BOD값에 비하여 COD값이 낮은 것이 특징(약 4:1)이며, 정상적인 성인의 1일 수분배설량은 분뇨로 1~2ℓ, 호흡이나 피부로 0.7~0.9ℓ가 배설된다.

④ **쓰레기** : 평균 1인 1일 발생량이 1.2kg정도였으나 산업 및 도시화에 따라 점차 증가하고 있으며 부피가 큰 것이 특징이다. 최근에는 쓰레기매립장의 용량부족으로 각 지역간의 분쟁을 일으키고 있다.

⑤ **농약** : 농약의 사용으로 농지 등에서 배출되는 배수에는 주로 질소나 인 성분이 다량으로 검출된다.

1.1.4 상수도의 효과

(1) 보건위생

인구의 도시집중이 심화되면 많은 수량의 공급이 요구됨은 물론 많은 하수량이 배출되어 지하수나 지표수를 오염시킨다. 상수도 시설은 이러한 비위생적인 물의 공급으로 발생되는 수인성 전염병 즉, 이질, 장티푸스, 파라티푸스, 콜레라, 유행성간염 등을 예방한다.

1893년 미국의 Mills Hiram, F.와 같은 해 독일의 Reincke, J.J.가 물을 여과 급수하여 공급함에 따라 장티푸스 등의 소화기계 전염병에 의한 사망률뿐만 아니라 일반 사망률도 감소하게 되는 현상을 발견하였으며 이를 Mills-Reincke 현상이라 한다.

(2) 소방

도시 또는 공업단지 등은 구조물들의 고층화, 대형화, 밀집화 경향을 보이고 있으므로, 이에 따른 소방능력의 부족함을 상수도시설로 향상시켜 인명 및 재산상의 피해를 감소시킬 수 있다.

(3) 생산성 증가

오염된 물의 사용으로 인한 기계의 마모 및 부식, 제품의 품질저하 등을 예방하여 결국에는 생산성의 증가를 가져온다.

1.1.5 상수도 용어

본 절에서는 상수도에 사용되는 기본적인 상수도 용어의 정의를 정리하였다.

(1) 원수

음용 및 공업용 등에 제공되는 자연상태의 물로써 농어촌 용수는 제외한다.

(2) 상수원

음용 및 공업용수 등에 제공하기 위해 취수시설을 설치한 지역의 하천, 호소, 지하수 등을 말한다.

(3) 수도

일시적으로 설치된 것이 아니라 영구적으로 음용수를 공급하는 시설의 총칭이다. 즉, 관수로를 포함한 댐, 정수장, 연못 등의 모든 구조물과 공작물 및 부속시설을 수도라고 정의한다.

(4) 일반수도

광역상수도, 지방상수도 및 간이상수도를 뜻한다.

(5) 광역상수도

국가, 지방자치단체, 수자원공사 및 건설교통부장관이 인정하는 자가 두 곳 이상의 지방자치단체에 원수나 정수를 공급하는 상수도를 뜻하며 다음의 경우 광역상수도로 취급한다.

① 수자원의 합리적인 이용 및 배분을 위해 다목적 댐 또는 용수공급 댐 등을 취수원으로 물을 공급하려는 경우
② 하천의 수계를 변경하여 물을 공급하려는 경우
③ 공업단지가 지정된 지방자치단체에 물을 공급하려는 경우
④ 두 곳 이상의 광역시 또는 도의 관할구역에 물을 공급하려는 경우

광역상수도는 대체로 다음과 같이 기존의 방식과 구분할 수 있다.

① 기존의 재래식 상하수도

기존의 여러 도시지역에서 시설된 상하수도 시스템으로 전체구간을 상수의 취수원과 하수의 방류선을 같이 이용하는 시스템이다. 이 시스템은 하천의 전구간에서 수질 및 수량이 사용목적에 맞도록 충분해야하며, 시설비와 유지관리비가 상대적으로 저렴하다. 단점으로는 공장폐수 등 하수의 오염으로 하류지점의 수질악화로 이어져 하류지점의 취수가 문제시된다.

② 광역 상수도형 상하수도

하천의 상류지점 취수원을 확보하여 인위적으로 상수도의 수송시설을 건설하여 사용하며 하천을 하수의 수송로로 이용하는 시스템이다. 가장 청정한 원수를 취할 수 있으나 하수는 지역별로 처리시켜야 한다.

③ 광역 하수도형 상하수도

하천을 정수의 수송로로 사용하며, 하수는 인위적으로 수송시설을 건설하여 하류지역으로 수송한 후 처리하여 하천을 깨끗하게 보전하려는 시스템이다. 하천의 전구간을 청정하게 유지하려 하므로 많은 시설비용과 유지관리의 어려움이 있다.

④ 광역 상하수도형 상하수도

하천의 상류지역에 취수원을 확보함과 동시에 하수를 하천의 하류지역으로 수송하여 처리하는 방식으로 하천 및 원수의 수질을 깨끗하게 유지하는 가장 안전한 시스템이다. 이 시스템에서는 상수와 하수를 모두 먼거리로 수송해야하므로 건설비 및 유지관리비가 많이 소요되며 갈수기에는 하천의 유지용수가 부족한 경우가 발생한다.

(6) 지방상수도

지방자치단체가 관할지역의 주민이나 인근의 자치단체 또는 주민에게 원수나 정수를 공급하는 일반수도로서 광역상수도 및 간이상수도 이외의 수도를 의미한다.

(7) 간이상수도

지방자치단체가 대통령이 정하는 간이수도시설에 의하여 급수인구가 5000인 이내로 정수를 공급하는 일반수도로 1일 공급량이 1000m^3미만인 수도를 의미한다.

(8) 중수도

수돗물의 재활용으로 하수의 재이용을 의미한다. 최근 수자원의 부족으로 더욱 강조되는 부분으로 고도의 수질을 필요로 하는 음료수나 공업용수에는 부적당하나 세정 및 냉각용수, 수세식 화장실 용수, 정원용수 등으로 활요하는 데에는 문제가 없다. 하수의 재이용에 사용되는 처리방법은 다음과 같은 3단계로 구성된다.

① 활성오니 처리
② 살균처리 (침전 → 여과 → 살균)
③ 흡수

중수도는 수자원의 합리적인 이용상 큰 의의가 있으며, 수처리 기술의 향상, 물생산 단가의 상승, 공해방지의 측면에서도 큰 의의가 있다. 중수도의 개발효과를 정리하면 다음과 같다.

① 국지적인 물공급의 상승을 완화
② 하수부하량의 경감
③ 갈수시에도 원활한 물공급
④ 절수 및 물 이용에 대한 합리적인 의식 고취
⑤ 공공투자를 효율적으로 추진

(9) 수도사업

하나의 수도사업자가 급수인구 5001인 이상에게 음료수를 공급하는 사업을 말한다.

(10) 간이수도사업

하나의 수도사업자가 급수인구 101인 이상 5000인 이하에게 음료수를 공급하는 사업을 말하며, 간이수도는 공급인구가 적은 소규모의 수도를 의미한다.

(11) 수도용수 공급사업

여러 개의 수도사업자가 음료수를 공급하는 사업으로 직접수요자에게 공급하는 것은 제외한다.

(12) 전용수도

기숙사, 요양소 등지에서 경영자가 101인 이상에게 음료수를 공급하기 위해 독자적으로 만든 수도로서 자가수도라고도 한다.

(13) 수도시설

취수, 저수, 도수, 정수, 송수, 배수시설 등을 말하며, 이들의 유지관리는 모두 수도사업자 또는 경영자(전용수도)가 한다.

(14) 급수장치

음료수를 공급하기 위해 수도사업자 또는 경영자가 설치한 배수관에서 급수관을 분기하거나 이것에 직접 연결한 급수용구를 말한다.

1.1.6 상수도 연혁

물은 인간생활에 꼭 필요한 중요한 자원이고, 물의 사용량은 문화의 척도라고 할 수 있으므로 인류역사의 발달과정과 함께 물의 사용도 변화되어 왔다. 물은 인간생활에 없어서는 안될 중요한 자원이고, 그 사용량은 문화의 척도라고도 할 수 있다. 그러므로 인류역사의 발달과정은 물과 함께 변천 형성되어 왔다. 인간은 물을 따라서 하천주변에 정착하여 마을을 형성하였고, 처음에는 하천, 호소의 물을 그냥 음료수로 사용하였을 것으로 생각된다. 그러나 마을이 커지고 인구가 증가함에 따라 물은 점차 질의 악화와 양의 부족을 보게 되었을 것이며, 또한 좋은 지표수가 없는 곳이라도 거주의 필요가 생겼을 때 인간이 인공적으로 물을 구한 최초의 방법이 우물의 굴착이었다고 추측된다.

한편, 보다 많은 물을 얻기 위해서는 먼 산지로부터 도수한다든가 또는 저장시설도 강구하였다는 것은 오늘날 각지에서 산재하고 있는 여러 유적에서 충분히 추측할 수 있다. 근래에 와서 도시화와 인구의 팽창은 대량의 음료수와 각종 용수를 요구하게 되고 자연수만으로는 충족할 수 없게 되었으며 그 결과 인공적으로 수질을 개선하고 공급망을 확대하는 상수도 시설이 필요하게 되었다.

1 외국의 연혁

(1) 고대 상수도

고대인들이 음료수를 얻기 위하여 판 우물을 상수도의 기원으로 생각한다면, 그 역사는 매우 오래되었으며 그 중에서 가장 유명한 것은 이집트 카이로(Cairo)시의 「Joseph's well」로써 암석중에 깊이 90m를 굴착하여 얻은 지하수이며, 제일 깊은 것으로는 중국에서 500m깊이의 우물이 있다. 이외에도 고대 그리이스, 앗시리아, 페르시아, 인도 등에도 그 유적이 발견되었다.

상수도의 목적으로 축조된 시설로는 예루살렘의 우수 저수지와 석조수로, 그리이스의 급수용 수로 등의 흔적이 지금도 남아 있는데, 고대 상수도 시설중 가장 뛰어난 것은 BC 321년에 축조된 로마의 Aqua Appia」 로써 원거리의 수원으로부터 수송을 위해 터널 및 아치 수로교를 건설하였는데, 수로연장 578km, 아치교 연장만도 80km나 된다고 한다. 연관을 통과하게 되는 이 물은 음료수로 부적당하며 오염된 물은 여과나 끓이기를 장려하였다는 것으로 보아 고대인도 수질에 대해서도 어느 정도 지식을 가지고 있었던 것으로 보인다.

(2) 중세 상수도

중세 로마제국의 멸망에 따라 상수도의 시설도 파괴되어 거의 발전이 없었으나 그후 흑사병(페스트)의 대유행으로 16세기에 이르러 비로소 일반 위생 상태가 개선되었다. 이 기간 동안에는 예외적인 상수도 공사가 시행되었는데 파리에서는 1183년까지 세느강의 하천수를, 런던에서는 1235년 소량의 용천수를 연관과 석조수로로 시내에 도달하였다. 최초의 펌프는 1582년(London Bridge)런던교상에 배수용으로 설치되었다고 하나 독일에서는 1421년 처음으로 상수도를 시설하고 1527년 (Hanover)하노버 시에서 펌프를 사용하였다 한다.

(3) 근대 상수도

현대 수도기술의 근원은 오랜 옛날부터 개량을 거듭하여 오늘날의 기술에 이른 것으로 근대식 위생시설로써의 연혁을 요약하면 다음과 같다.

① **완속 여과법**(Slow Sand Filtrtion)**의 개발**

1804년 영국의 페이슬리에서 처음 적용되었으며, 이 당시는 세균학의 미발달로 여과에 의하여 세균까지 제거되는 것은 확인하지 못하고 단순히 탁도의 제거 목적으로 완속모래 여과지(Slow Sand Filter)를 이용하여 정수하였다.

② **급속 여과법**(Rapid Sand Filration)**의 개발**

1884년 미국(A. Hyatt)가 황산철을 사용하는 응징법의 특허를 얻어 동년 뉴저지주 섬머빌에 급속여과지(Rapid Sand Filter)를 만들었다. 이것이 급속여과의 시초로써 그후 미국을 중심으로 발전하여 현재 세계 각국에 널리 이용되고 있으며, 이를 미국식 여과법이라고도 부른다.

③ **미생물학적 수질검사**(Bacteriological Water Examination) **실시**

1885년(London)런던에서 처음으로 미생물학적 수질검사를 실시하였다.

2 우리나라 상수도의 연혁

우리나라 상수도의 시대적 변천을 살펴보면 조선조 말기까지는 수도라고 부를만한 시설은 거의 볼 수 없다. 구한말인 1894년 1월 부산에서 일본 거류민단의 경영으로 보수천 상류에 집수거를 설치하고 자연여과장치 및 대청동배수지를 설치한 것이 최초의 상수도 시설이라 할 수 있다. 이어 1900~1902년 구덕산 계곡에 구덕수원지를 완속여과지로 축조하여 생산능력 2000m^3/day을 갖추어 비로소 근대적 정수법이 사용되었다. 또한 서울에서는 1903

년 12월 미국인 Colebran과 Bostowick가 고종황제로부터 상수도 시설과 경영에 관한 특허를 받아 1905년 8월 그 특허권을 미국인이 설립한 조선수도공사(Korea Water Company)에 양도하여 1906년 8월 1일 서울 뚝도수원지 완속여과지공사를 착공, 1908년 8월에 준공시키므로써 현대적인 상수도 시설로써 서울시민에게 급수를 시작하였으며 이어서 인천, 평양, 대구, 목포 등 여러 도시에도 점차적으로 상수도 시설이 보급발달되었다.

1946년부터 우리나라 기술진에 의하여 경영된 상수도 사업은 해방직후의 혼란스런 과도기현상과 6·25전쟁으로 파괴된 상수도 시설의 복구에 주력하는 한편 도시확장과 급격한 인구증가로 말미암은 수요량 증가에 대비하여 1954년부터 5개년에 걸쳐 외국기관을 통하여 공급된 상수도용 기자재로 시설의 확충과 신규공사를 시행하여 1960년말 상수도 생산능력은 $517,000m^3/\text{day}$으로 보급율 17%, 1일 1인당 평균급수량 99ℓ 에 이르렀다.

1960년 이후의 4차례에 걸친 경제개발 5개년 계획의 일환으로 상수도 부문에 투자를 크게 증가시켰으나 그 당시 산업의 발달에 기인한 인구의 도시집중과 생활수준 향상에 따른 상수도 수요의 급격한 증가는 상수도 시설 확충이 이에 미치지 못한 실정이다.

1970년대 들어와 도시화와 산업화로 도시인구의 급증과 중공업 등의 발전은 물 수요량을 크게 증가시켰으며 인근하천의 수원부족 및 오염으로 인하여 원거리 수원확보와 같은 광역상수도가 도입되기 시작하였고, 농어촌지역에서도 우물을 대체하기 위한 간이상수도가 보급되었다.

우리나라에 처음 도입된 광역상수도 시스템은 1973년 5월 도시권 광역상수도 1단계사업을 시발로 본격적인 건설에 착수하게 되었으며, 현재 4개 지역의 광역상수고 사업이 준공되어 운영 관리중이며, 5개 지역이 건설중이고 5개 지역은 계획단계에 있다.

1980년대에도 가속된 도시화와 생활수준 향상에 따른 단위급수량 증가로 용수 급수량이 계속적으로 증대하였다. 특히 현대식 아파트와 대형건물에서 수세식 변소의 증가는 이와 같은 추세를 더욱 부채질하게 되었다. 또 상수도 수질에 대한 국민적 관심이 높아졌고 하천수질의 악화로 기존 수원시설의 대체사업과 고도정수처리의 필요성이 증대되었다.

1980년대 후반에 이르러서는 종래 상수도가 양적 공급에 주력함으로써 상대적으로 소홀히 다루어 왔던 수돗물의 질적 안정성 여부가 사회적 문제로 제기된 시기였다. 첫 번째 수돗물 오염파동이 야기된 것은 1989년 8월이었다. 전국의 수돗물 수질중 가장 나쁜 자료가 언론에 대대적으로 보도됨으로써 수돗물의 신뢰성에 대하여 정부는 물론 온 국민의 관심을 집중시켰다. 두 번째 수돗물 오염시비는 일부 정수장에서 생산된 수돗물 가운데 THM이 WHO가 정하는 기준치인 0.1mg/ℓ 를 넘어선 것에서 출발하여 1990년 7월 그 사실이 일반에 알려지면서 수돗물의 수질은 다시 한번 사회적 문제로 대두되었다. 세 번째 파문은 이

른바 낙동강 페놀오염사고였다. 구미공단 옥계천변에 위치한 두산전자(주)의 페놀원액 유송관 파열로 유출된 페놀원액 30톤이 옥계천을 통하여 낙동강에 유입되고 다시 대구시 낙동강 정수장에 흘러들어 1991년 3월 16일부터 대구시 수돗물에서 심한 악취가 발생하였다. 이로서 1989년부터 3년간 해마다 수돗물 오염파동으로 온 국민의 관심이 수돗물의 안정성 여부에 모아졌다.

1991년말 상수도 보급율은 80%에 이르고, 1인 1일당 급수량은 376ℓ 에 달하고 있으나 생활수준의 향상과 산업의 발전으로 증대된 국민적 욕구를 충족시키는 데는 미흡한 수준이다.

2000년에 상수도 보급율은 전국 평균 84%이며, 2001년도에는 이를 86~88%로 높일 계획을 가지고 있으나, 수질의 악화로 인한 수자원의 부족 등으로 앞으로 지속적인 관심과 투자 및 연구가 진행되어야 할 것이다.

1.1.7 상수도의 정의, 목적 및 효과

상수도의 정의, 목적 및 효과를 정리하면 다음과 같다.

(1) **정의** : 각종 도관 및 정수처리 시설을 포함하는 물의 공급시설의 총체로서 각종 용수를 연속적으로 공급하기 위한 공공시설.

(2) **목적** : 공중 보건위생의 향상과 생활환경의 개선.

(3) **구성** : 생활용수(가정+영업용수), 상·공업용수, 공공용수, 불명수, 소화용수 공급.

(4) 수도의 목적을 달성하기 위한 기술적 3요소 : 풍부한 수량, 양호한 수질, 적절한 수압.

1.2 상수도의 구성 및 계통

• TIP
상수도의 구성 및 계통과 관련된 사항에서 계통의 순서, 수원에 따른 처리계통 등에 중점을 두고 정리하는 것이 도움이 될 것이다.

1.2.1 상수도의 구성

일반적으로 상수도는 그림1.1과 같이 수원으로부터 취수, 도수, 정수, 송수, 배수, 급수 등의 7단계로 구성된다. 그러나 원수의 수질, 지형 및 기타 자연조건에 따라 각 요소의 시설이나 조작이 생략되거나 복잡하게 된다.

(1) **수원** : 수원(water source)은 수돗물의 원료가 되는 물로써 지표수원과 복류수를 포함한 지하수원이 거의 대부분을 차지한다.

(2) **취수** : 수원에서 필요한 수량을 취입하는 과정으로 취수대상 수원의 종류, 취수량 등에 따라 방법, 규모를 목적에 맞게 선택한다. 즉 취수 또는 집수(water intake)는 수원에서 가급적 깨끗한 물을 소요되는 수량에 맞추어 취입하는 것으로 수원의 종류나 취수량에 따라 취입하는 방법, 규모를 달리한다. 수원이 지표수인가, 지하수인가에 따라 또는 지표수라 할지라도 하천 표류수인가 호소수인가에 따라 다르며 하천표류수의 경우 1년 중 최대홍수시와 최대갈수시에도 지장을 받지 않도록 저수지를 두기도 한다.

(3) **도수(導水)** : 도수(conveyance of water)는 수원지에서 취수한 원수를 정화하기 위해 가급적 누수와 오염을 피하여 정수시설로 보내는 시설을 말한다.

(4) **정수** : 정수(purification of water)는 원수의 수질을 사용목적에 적합(음용수, 공업용 등)하도록 개선하는 것으로 원수의 수질상태나 상수도의 용도, 급수과정의 특성 등에 따라 정수방법은 달라진다. 일반적인 정수과정은 다음과 같다.

① 침사
② 침전 (보통, 약품)

③ 여과 (완속, 급속)

④ 소독 (살균)

(5) **송수** : 송수(transmission of water)는 정수시설을 거친 정화된 물을 배수시설까지 가급적 누수를 피하고 외부로부터의 오염을 완전하게 방지하여 보내는 시설을 말한다. 즉 정수된 물을 정수장(정수지)에서 배수시설(배수지)까지 수송하는 과정을 말하며 오염방지를 위해 관수로(管水路)로 설치해야 한다.

(6) **배수(配水)** : 배수(water-distribution)는 정화된 물을 적절한 수압 아래에서 소요수량만큼 분배함을 말하며, 공공도로 아래에 설치된 배수관까지를 그 범위로 하고 있다. 배수시설은 소화용수에 대하여 고려해야 하며, 배수의 시간적 변화에 대비하여 배수지나 배수탑과 같은 일시적인 저장시설을 설치하기도 한다.

(7) **급수** : 급수(water-supply service)는 배수관에서 분기하여 사용자에게 공급하는 급수전에 이르는 것을 말한다.

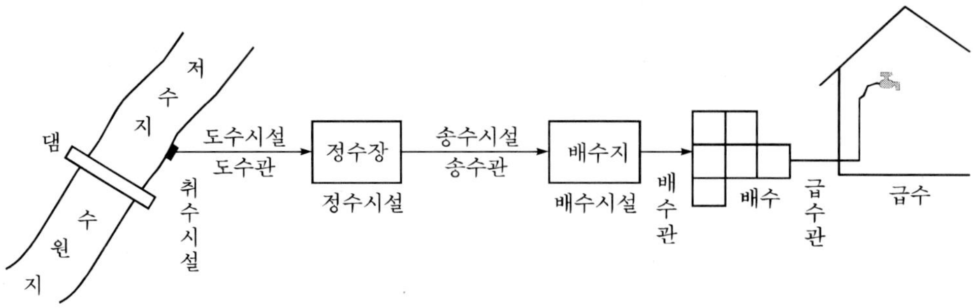

그림 1.1 상수도 구성 체계

1.2.2 상수도의 계통

일반적으로 수원지의 원수가 사용자에게 공급되기까지는 다음과 같은 계통을 거치지만, 원수의 수질상태와 처리방법에 따라 반드시 이러한 시설을 거치는 것은 아니다.

(1) 지표수를 수원으로 하는 경우

① 취수시설 : 취수탑, 취수문, 취수관

② 도수시설 : 침사지, 도수관거

③ **정수시설** : 착수정, 침전지(보통, 약품), 여과지(완속, 급속), 염소소독, 정수지
④ **송수시설** : 송수관로
⑤ **배수시설** : 배수지, 배수탑, 고가탱크, 배수관
⑥ **급수시설** : 급수관, 급수전

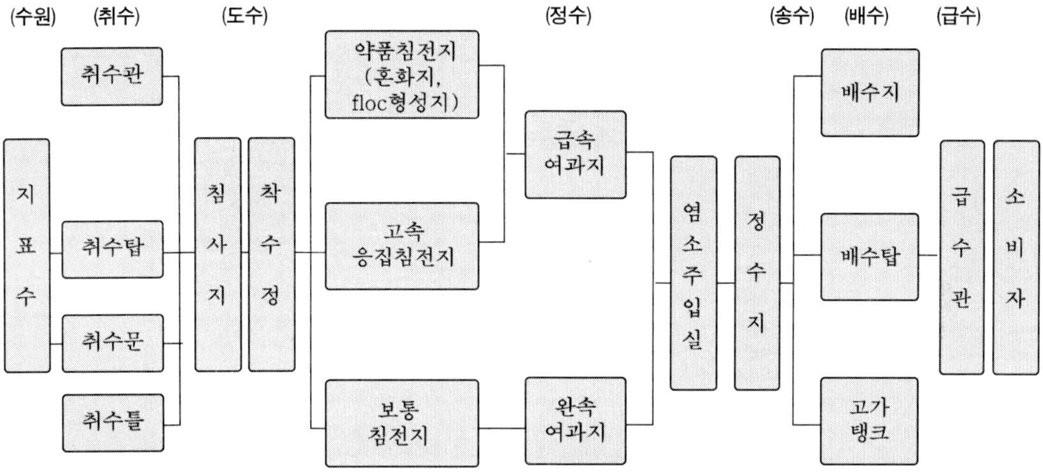

그림 1.2 지표수를 수원으로 하는 경우

(2) 지하수를 수원으로 하는 경우

① **취수시설** : 집수암거, 천정호, 심정호, 굴착정호
② **도수시설** : 침사지, 도수관거
③ **정수시설** : 착수정, 여과지(완속, 급속), 염소소독, 정수지
④ **송수시설** : 송수관로
⑤ **배수시설** : 배수지, 배수탑, 고가탱크, 배수관
⑥ **급수시설** : 급수관, 급수전

일반적으로 수돗물을 생산하는 과정에는 다음과 같은 계통을 따른다.

① **수원지** : 수도용수의 원수가 되며, 주로 지표수 및 지하수가 이에 해당한다.
② **취수장치** : 수원지의 원수를 퍼 올리는 장치를 말한다.
③ **침사지** : 모래 등을 가라앉히는 장소이며 지하수가 원수일 경우 대체로 생략한다.
④ **약품투입실** : 각 종 정수용 약품을 투입하는 장소
⑤ **침전지** : 여러 종류의 찌꺼기(슬러지, 오니)를 가라앉히는 장소

⑥ **여과지** : 침전시킨물을 여러 종류의 여과장치를 거쳐 맑게 걸러내는 장소

⑦ **정수지** : 처리된 물을 저장한다.

⑧ **염소투입실** : 물에 남은 각 종 균들을 완전하게 없애는 장소

⑨ **송수펌프실** : 펌프 등을 사용하여 물을 수송한다.

⑩ **배수지** : 저장된 물을 각 가정에 분배하는 장소

⑪ **급수시설** : 각 가정이나 건물의 급수전으로 수돗물을 보내는 시설

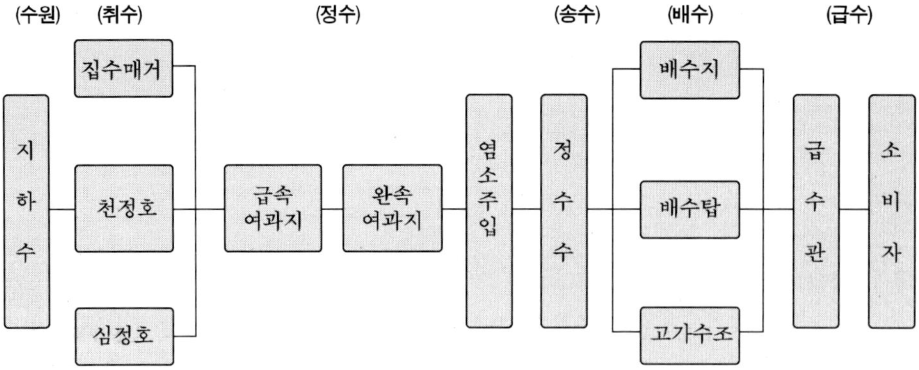

그림 1.3 지하수를 수원으로 하는 경우

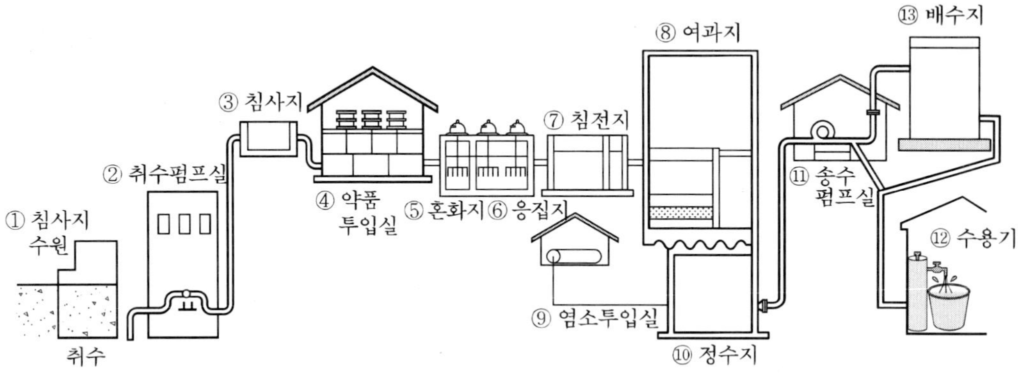

그림 1.4 일반적인 상수도 계통도

1.3 계획급수량

· TIP

각종 시험에 출제빈도가 매우 높고, 특히 인구 추정, 각 급수량 간의 관계와 적용 대상 등에 대한 내용을 정리해야 한다. 상수도 시설의 계획단계와 계획년차에 관한 사항도 매우 중요하다.

상수도를 계획하는데 현재의 상태를 기준으로 장래에 추정할 여러 가지 상태, 즉 도시의 발전에 따른 시설의 신설 및 확장, 문화수준의 향상에 따른 급수량의 증가, 급수지역 및 급수인구의 확대 등을 고려하여 시설별로 최소한 5년~30년을 목표로 계획해야 한다. 그림 1.5에는 상수도시설의 계획단계를 위한 절차를 정리하였다.

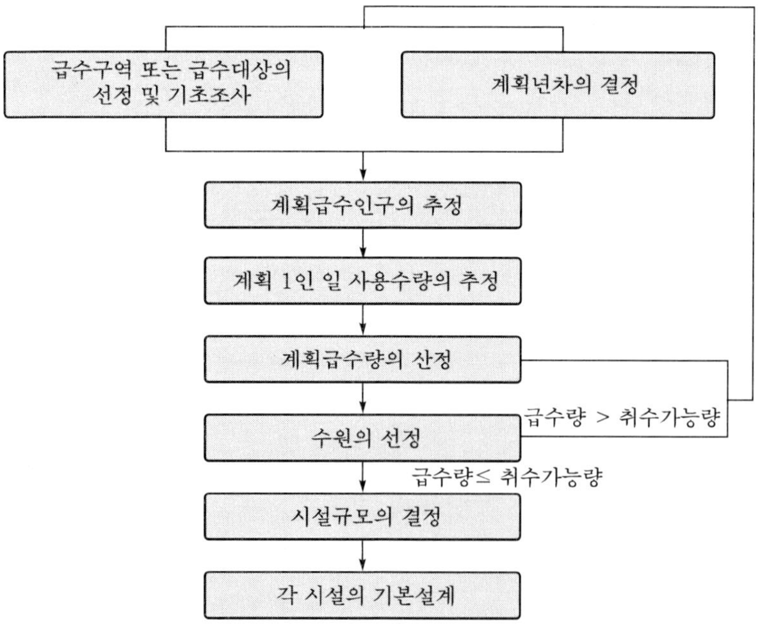

그림 1.5 상수도시설 계획단계

상수도 기본 계획시 기초자료는 다음과 같다.

① 급수량의 현황과 추정
② 주변의 환경조건과 자연조건
③ 지하매설물 계획자료

④ 도로, 교통 및 환경자료
⑤ 하천 조사자료

그림 1.5를 정리하면 다음과 같다.

(1) 대상지역선정 및 기초조사
(2) 계획년차 결정(장래 15~20년 기준)
(3) 계획급수면적, 계획 급수보급율 결정

$$\text{급수보급율} = \frac{\text{급수인구}}{\text{해당지역 총인구}} \times 100$$

(4) 계획급수인구 추정(과거 20년간의 인구증감자료 고려)
(5) 계획급수인구 결정(=추정인구×계획 급수보급율)
(6) 계획 1인 1일 최대급수량 결정(도시규모에 따라 300~450lpcd)
(7) 계획 급수량 산정(=계획급수인구×계획 1인 1일 최대급수량)
(8) 시설규모 결정(계획 1일 최대급수량 기준, 각 시설별 용량결정)

표 1.1 시설규모 결정사례

년도별	인구 (천인)	급수인구 (천인)	급수보급율 (%)	시설용량 (천톤/일)	1일 1인당 급수량(ℓ)
1974	34,692	14,089	40.6	3,466	182
1980	38,124	20,809	54.6	6,756	256
1985	40,406	27,188	66.6	10,214	282
1990	42,869	33,631	78.4	16,274	369
1994	45,077	37,351	82.1	20,967	408
1995	45,970	38,110	82.9	21,840	398

1.3.1 계획급수구역

계획급수구역 또는 면적(proposed service area)은 상수도에 의해 급수되는 구역 또는 배수관을 계획년도까지 매설하여 수요자에게 급수하는 구역을 말한다. 상수도계획에서 급수구역은 급수인구, 급수량과 함께 상수도시설의 규모와 위치를 결정하는데 중대한 영향을 미치므로 신중하게 정해야 한다. 인구밀도가 매우 적은 지역이나 장래에 발전전망이 적은 곳에 급수구역을 설정하는 것은 대체로 건설비가 많이 소요된다. 최근 우리나라는 급격한 인구증가와 도시집중화에 따라 시가지의 확장발전으로 도시에 인접한 읍, 면, 동과의 합병을 통한 광역시화 되는 지역이 많이 생겼고, 이러한 지역은 급수구역을 넓게 설정하여 여유를 두는 것이 안전하다.

계획급수구역은 계획년도에 급수가 되는 급수지역으로 지형이나 거리 등에 따라 결정되므로 도시계획상 장래에 행정구역의 확장, 발전가능성, 광역상수도계획에 따른 경영의 합리화를 도모하기 위하여 경제적, 기술적으로 가능한 범위로 설정하는 것이 좋다. 계획급수구역은 다음과 같이 요약할 수 있다.

① 상수도 시설에 의해 물을 공급하는 구역을 말한다.
② 도시계획상 장래 발전상황을 참고하여 시설의 건설, 관리에서 기술적, 경제적 요소를 고려한다.
③ 도시계획과 관련하여 적절하게 조정한다.

1.3.2 계획년차

계획년차의 목적은 다음과 같다. 상수도시설은 항구적이므로 인구의 변동으로 인한 급수량의 변동이 발생하게 되며 이를 위해 상수도시설의 규모를 결정하는데 필요한 계획목표년차(period of design)를 결정해야 한다. 계획년차 또는 계획년도는 상수도시설을 건설하는 당시의 금융 및 자금사정, 건설 및 유지비, 시설의 내구연한 등을 고려하여 결정하는데 대체로 15~20년 정도를 목표로 한다. 정수나 배수시설과 같이 확장이 상대적으로 용이한 시설은 10~15년 정도, 수원지시설, 송수관, 배수본관 및 펌프시설 등은 확장이 어려우므로 20~30년 정도를 기준으로 한다. 계획년차를 5년으로 하였을 경우에는 준공과 함께 곧바로 확장계획이나 공사를 시행해야하며, 30년이상 장기간을 기준으로 하였을 경우에는 초기 건설비의 증대 또는 건설비를 추정하는 자체가 어렵게되거나, 설치한 시설의 노후화, 시설능력을 100% 이용하는데 장기간을 요하므로 비경제적이 될 수도 있다.

계획년차를 결정하는데 고려해야할 사항을 정리하면 다음과 같다.

① 시설 및 구조물, 기계의 내구연한
② 시설확장에 대한 난이도와 위치
③ 도시의 발전가능성(인구증가, 산업발전 등)과 물사용량
④ 자금사정 및 차입금의 이율
⑤ 차입금의 상환기간과 화폐가치의 변동

⑥ 수도수입의 연차별 예측

표 1.2 시설별 계획년차

구 분	계획기간(년)	비 고
큰댐 및 대구경 관로	25~50	확장이 어렵고 비싸다.
우물, 배수관로 및 여과지	20~25 10~15	확장이 쉬우나 ① 이자율 3% 이하인 경우 ② 이자율 3% 이상인 경우
직경 30cm 이상인 관	20~25	장기적으로 볼 때 대체 비용이 싸다.
직경 30cm 이하인 관	포화도 고려	장기적으로 필요한 크기로 시설한다.

1.3.3 계획급수인구

계획급수인구(estimated population using water)는 상수도 물을 공급받는 인구로서 계획연차에 계획급수구역내의 상주인구를 추정하여 이 추정인구에 급수보급율을 곱하여 결정한다. 여기서 상주인구는 여행자나 주간 유입인구를 포함하지 않는다. 상주인구를 추정하는 경우에는 장래 인구 추정방법을 사용하는데 대체로 계획급수인구는 계획연한을 크게 하면 시설규모가 커져 건설비용이 높아지며, 계획연한을 작게 하면 수도시설 완성 후 즉시 확장해야 하는 등 비경제적이어서 확장의 용이성에 따라 10~15년, 20~30년 정도를 기준으로 한다. 아래의 표 1.3은 계획급수인구별 1인 1일당 최대 급수량 기준을 정리한 것이고 계획급수인구를 요약하면 다음과 같다.

① 계획년차까지의 인구를 추정해 결정.
② 상주인구만을 고려한다.
③ 급수구역내의 총인구에 급수보급률을 고려해 산정한다.

$$계획급수인구=계획급수구역\ 내\ 상주인구(유동인구\ 제외)\times 급수보급률$$

표 1.3 계획 급수인구별 1인 1일당 최대급수량

계획급수인구	계획 1인 1일당 최대급수량(ℓ)
10,000이하	100~150
50,000이하	150~250
500,000이하	250~350
500,000이상	350이상

(1) 급수보급율

급수보급율은 급수인구의 급수구역 내 총인구에 대한 비율인데, 즉 급수구역 내 급수인구를 총인구로 나눈 것이며, 지하수의 사용여부에 따라 대체로 급수 후에 점차 증가하는 경향을 보인다.

$$급수보급율 = \frac{급수인구}{급수구역내총인구} \times 100(\%)$$

급수보급율은 도시의 성격, 자가용수 취득의 난이도에 따라 다른데 대체로 대도시는 중소도시에 비하여 보급율이 크고, 항만 및 해안도시, 공업단지가 위치한 도시, 지하수 수질이 불량한 도시가 일반도시보다 크다. 일반적으로 급수보급율은 최대 90~95% 정도이며, 신설되는 상수도시설의 경우 10~15년 후에 70~80%의 급수보급율을 계획하므로 90~95%의 급수보급율에 도달하려면 20년 이상의 시간이 필요하다. 급수보급율을 추정하는 방법은 다음과 같다.

① 과거의 통계자료를 이용하여 추정

② Goodrich 공식을 사용한 추정

$$P = 180 \times t^{-0.1}$$

여기서 P : 급수보급율(%, 연평균 소비율에 대한 비율)

t : 시간(일)

(2) 계획급수인구

계획급수인구는 다음과 같이 정의한다.

$$계획급수인구 = 급수구역내\ 총인구 \times 급수보급율(\%)$$

(3) 급수구역 내 총인구

급수구역 내 총인구는 급수구역 내 상주인구로서 유동인구나 주간 또는 야간에 유입인구는 포함하지 않는 것으로 정의한다.

1.3.4 장래 인구추정방법

장래의 인구추정은 최소한 과거 20년 이상의 자료(급격한 변화를 보이는 이상증감은 제외)와 도시의 성격, 도시의 규모, 발전성 등을 고려하여 시행하는데, 실제로는 추정값과 실제인구가 잘 맞지 않는 경우가 많아 여러 방법을 혼합하여 사용하기도 한다. 중소도시의 경우는 대도시보다 큰 오차가 발생하는 경우가 많으며 이는 여러 요인들에 의해 민감하게 인구의 이상증감을 나타내기 쉽기 때문이다. 이에 소개되는 장래의 인구추정방법은 평균적인 방법이며, 인구를 추정하는데 신뢰도가 적어지는 경우는 다음과 같다.

① 추정하는 기간(연도)이 길수록 신뢰도는 적어진다.
② 인구증가율이 높아질수록 신뢰도는 적어진다.
③ 인구가 감소되는 경우가 많을수록 적어진다.

장래 급수인구추정을 요약하면 다음과 같다.

① 계획년차 후의 장래인구를 추정하여 이것에 보급률을 곱해 결정
② 계획년차를 너무 크게 잡으면 시설규모가 과대해지고 시설비도 많이 들며, 계획년차를 너무 작게 잡으면 확장이 빈번해져 비경제적이다.

(1) 등차급수법

과거자료로 매년 인구증가수가 일정하다고 보고 장래인구를 추정하는 방법으로 2개의 자료로 구하는 방법과 최소자승방법을 이용하여 여러 개의 자료로 구하는 방법이 있으나 2개의 자료로 추정하는 경우 다음의 식이 적용된다.

$$P_n = P_o + nP \ \rightarrow \ q = \frac{P_o - Pt}{t}$$

여기서 P_n : 현재부터 n년 후의 추정인구
P_o : 현재인구
n : 현재부터 계획년차까지 경과년수
q : 연평균 인구증가수
Pt : 현재부터 t년 전의 인구

이 방법은 추정되는 인구가 과소평가 되는 경향을 보이므로 발전이 느리거나 보통정도의 도시, 비교적 매년 인구 증가수가 적은 도시, 발전 중에 있는 비교적 큰 도시에 적용하는 것이 적합하다.

실무예제 1.1

경기도 남부 Y시에서 현재의 인구는 30만 명이다. 과거 25년간 연평균 5,000명씩 증가되어 왔다. 앞으로 20년 후의 인구를 추정하시오.

풀이

$P_n = P_o + nP$ 로부터

$P_{20} = 300,000 + 20 \times 5,000 = 400,000$명

실무예제 1.2

경기도의 Y시 인구자료가 다음의 표와 같은 경우 2010년도의 인구를 추정하시오.

연도	인구(명)	연도	인구(명)
1990	123,000	1995	163,000
1991	132,000	1996	171,000
1992	144,000	1997	179,000
1993	149,000	1998(현재)	188,000
1994	157,000		

풀이

$P_o = P_o + nq$와 $q = \dfrac{P_o - P_t}{t}$ 에서

$P_o = 188,000$명 , $P_t = 123,000$명 , $t = 8$년 , $n = 12$년이므로

$$q = \frac{188,000 - 123,000}{8} = 8,125\text{명}$$

$\therefore$ 2010년의 인구 = 188,000 + 12 + 8,125 = 285,500명

(2) 등비급수법

과거자료로 매년 인구증가비율이 일정하다고 보고 연평균 인구증가율을 기준으로 장래 인구를 추정하는 방법이다. 이 방법은 상당한 기간 동안 동일한 인구증가율을 보이는 발전적인 도시에 적용하며, 대도시의 경우 어느 일정한 한계를 넘으면 인구증가율이 감소되므로 과대한 추정의 우려가 있다.

$$P_n = P_o \times (1+r)^n \quad \rightarrow \quad r = (\frac{P_o}{P_t})^{\frac{1}{t}} - 1$$

여기서 P_n : 현재부터 n년 후의 추정인구

P_o : 현재인구

n : 현재부터 계획년차까지 경과년수

r : 연평균 인구증가율

P_t : 현재부터 t년 전의 인구

실무예제 1.3

경기도 Y시의 인구자료가 [실무예제 1.2] 등차급수의 예제에서 사용한 표와 같은 경우 등비급수법으로 2010년도의 인구를 추정하시오.

풀이

$P_n = P_o \times (1+r)^n$와 r = $(\frac{P_o}{P_t})^{\frac{1}{t}} - 1$에서

P_o = 188,000명 , P_t = 123,000명 , t = 8년 , n = 12년이므로

$$r = (\frac{188,000}{123,000})^{\frac{1}{8}} - 1 = 0.0545$$

∴ 2010년의 인구 = 188,000 × (1 + 0.0545)^{12} = 355,399 명

(3) 최소자승법

최소자승법(linear square method)은 여러 개의 자료로부터 추정하는 방법으로써 다음과 같은 식이 적용된다.

$$Y = aX + b$$

여기서 Y : 추정인구

X : 기준년으로부터 경과년수

n : 인구의 자료수

a, b : 상수로 다음과 같이 정의된다.

$$a=\frac{n\sum XY-\sum X\sum Y}{n\sum X^2-\sum X\sum X}$$

$$b=\frac{\sum X^2\sum Y-\sum X\sum XY}{n\sum X^2-\sum X\sum X}$$

이 방법은 대체로 단기간의 추정방법으로 활용된다.

실무예제 1.4

어느 도시의 인구자료가 [실무예제 1.2] 등차급수의 예제에서 사용한 표와 같은 경우 최소자승법으로 2010년도의 인구를 추정하시오.

풀이

기준년을 1994년으로 하여 최소자승법의 상수 a, b를 구하기 위해 다음과 같이 계산결과를 표로 정리한다.

연 표	Y	X	X^2	XY
1990	123,000	−4	16	−492,000
1991	132,000	−3	9	−396,000
1992	144,000	−2	4	−288,000
1993	149,000	−1	1	−149,000
1994	157,000	0	0	0
1995	163,000	1	1	163,000
1996	171,000	2	4	342,000
1997	179,000	3	9	537,000
1998	188,000	4	16	752,000
계	1,406,000	0	60	469,000

1994년이 기준년이므로 2010년이면 n = 16년

$$a=\frac{(16\times 469{,}000)-(0\times 1{,}406{,}000)}{(16\times 60)-(0\times 0)}\fallingdotseq 7{,}817$$

$$b=\frac{(60\times 1{,}406{,}000)-(0\times 469{,}000)}{(16\times 60)-(0\times 0)}\fallingdotseq 87{,}875$$

기준년이 1994년이므로 2010년을 기준년으로부터 16년이므로

∴ Y = 7,817 × 16 + 87,875 = 212,947명

(4) 로지스틱 곡선 (S곡선) 이용법

로지스틱 곡선법(logistic curve method, 이론곡선 또는 포화인구 가정법)은 1838년 벨기에의 수학자 Verhulst, P. F.가 "인구의 증가에 대한 저항은 인구의 증가속도에 비례한다."라는 통계학자 Gedol의 주장을 공식화한 것으로 도시인구의 증가가 변곡점을 가지는 일종의 지수함수식과 잘 일치함을 보인다고 하였으며 이곡선을 logistic curve라고 제안하였다. 이 방법은 인구가 무한년전인 처음에는 0에서 햇수가 경과함에 따라 점차 증가하여 중간정도에서 인구증가율이 가장 현저하게 나타나고 그 이후에는 인구증가율이 점차 감소하여 무한년후인 먼 훗날에는 일정한 포화수준에 도달하는 변화를 보이는 함수식을 가정한 것이다. 인구증가의 유형을 표시하는 식의 조건을 정리하면 다음과 같다.

① 도시의 경우 일정한 구역내에서의 인구는 한계가 있다.
② 인구증가율의 변화에는 일정한 S자형 경향을 보인다.
③ 인구의 최소한계는 0이다.

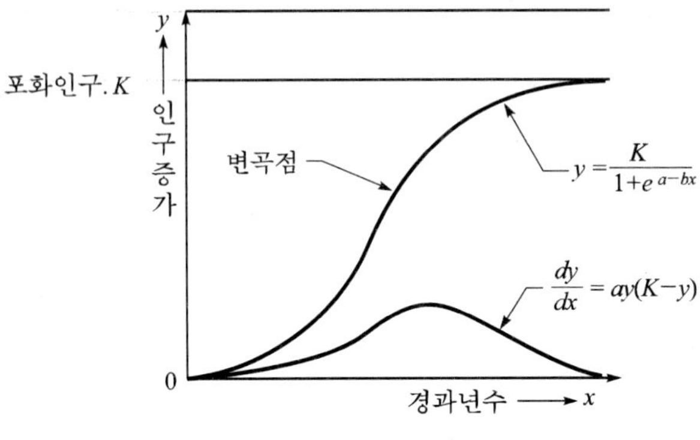

그림 1.6 로지스틱 곡선

이와 같은 조건을 만족시켜야하므로 아래의 그림과 같은 logistic curve가 이론적으로 적절하며 그 관계식은 다음과 같다.

$$Pn = Pn\frac{K}{1+e^{a-bn}}$$

여기서 Pn : 기준면으로부터 n년후의 추정인구

n : 기준면으로부터 경과년수

e : 자연대수 (= 2.7182…)

K : 포화인구

a, b : 상수

이 방법은 포화인구 K를 가정하는데 어려움이 있으나 일반적인 도시의 인구변동과 잘 일치하므로 널리 사용된다. 한편, 상수 a와 b를 산정하는데는 최소자승법 또는 3점법이 사용된다. 상기의 식을 변형하면 다음과 같다.

$$Pn + Pne^{a-bn} = K$$

$$Pne^{a-bn} = K - Pn$$

양면에 log를 취하면 다음과 같다.

$$bn\log e - a\log e = \log Pn - \log(K - Pn)$$

여기서, $nloge = X$

$a\log e = c$

$\log Pn - \log(K - Pn) = Y$

라고 하면 다음과 같이 표현될 수 있다.

$$Y = bx - c$$

최소자승법으로 a, b, c를 구하는 방법은 다음과 같다.

$$c = \frac{\sum X \sum XY - \sum X^2 \sum Y}{\sum X^{2-} \sum X \sum X}$$

$$b = \frac{n\sum XY - \sum X \sum Y}{\sum X^2 - \sum X \sum X}$$

그리고, $a\log e = c$이므로 다음과 같이 된다.

$$a = \frac{c}{\log e} = \frac{1}{\log e} \cdot \frac{\sum X \sum XY - \sum X^2 \sum Y}{N\sum X^{2-} \sum X \sum X}$$

여기서, N : 자료에 의한 인구수

실무예제 1.5

표의 과거 인구실적을 근거로 2000년도의 인구를 추정하시오.

연도	인구 (명)
1985	10,170
1990	18,270
1995	30,400

풀이

$y_0 = 10{,}170(n=0)$

$y_1 = 18{,}270(n=1)$

$y_2 = 30{,}400(n=2)$

이므로 $y_1^2 > y_0 \times y_2$ 를 만족시킨다.

$$d_1 = \frac{1}{y_0} - \frac{1}{y_1} = \frac{1}{10170} - \frac{1}{18270} = 0.09833 \times 10^{-3} - 0.05474 \times 10^{-3}$$

$$= 0.04359 \times 10^{-3}$$

$$d_2 = \frac{1}{y_1} - \frac{1}{y_2} = \frac{1}{18270} - \frac{1}{30400} = 0.02184 \times 10^{-3}$$

$$\therefore k = \frac{y_0(d_1 - d_2)}{d_1[1 - d_1 x y_0] - d_2}$$

$$= \frac{10{,}170(0.04359 - 0.02184) \times 10^{-3}}{[0.04359(1 - 10{,}170 \times 0.04359 \times 10^{-3}) - 0.02184] \times 10^{-3}}$$

$$= \frac{221.1975}{0.002427} = 91{,}157$$

$$a = \frac{1}{\log e} \cdot \log \frac{kd_1^2}{d_1 - d_2} = 2.3 \times \log \frac{91{,}157 \times 0.04359^2 \times 10^{-6}}{0.02175 \times 10^{-3}}$$

$$= 2.073$$

$$b = \frac{\log d_1 - \log d_2}{\log e} = 2.3 \times \log(0.04359 \times 10^{-3}) - \log(0.02184 \times 10^{-3})$$

$$= 0.6903$$

그러므로 $Pn = \frac{91{,}157}{1 + e^{2.073 - 0.6903n}}$ 이 일반식으로 되고 포화인구는 41,157명으로 추정된다. 2000년도의 추정인구는 n=3으로 하여 다음과 같다.

$$\therefore Pn = \frac{91157}{1 + e^{0.0021}} = 45{,}531(\text{명})$$

(5) 감소 증가율법

인구가 매년 감소하는 비율로 증가한다는 가정을 근거로 장래의 인구를 추정하는 방법으로 포화인구를 우선적으로 추정한 후 산정하며 그 식은 다음과 같다.

$$Pn = P_0 + (k - P_0)(1 - e^{-an})$$

여기서, k :포화인구

a :감소증가율 상수

$Pn,\ P_0$: 앞의 방법과 동일한 정의

(6) 지수곡선식에 의한 방법(Peggy의 함수식)

상당기간 동안 비슷한 인구증가율을 보이는 발전적 도시에 적합하며 그 식은 다음과 같다.

$$P_n = P_o + A\,n^a$$

여기서, $A,\ a$: 상수

n : 경과년수

(7) 비상관법

어느 지역의 인구증가율이 다른 더 큰 지역의 인구증가율과 관계가 있다고 가정하며 그 식은 다음과 같다.

$$P_a = P_o \frac{P_{2R}}{P_{1R}} = P_o \cdot K_\tau$$

여기서, P_{2R} : 큰 지역 추정인구

P_{1R} : 큰 지역 현재인구

(8) 타 도시와의 비교법

인구증가 조건이 유사한 타도시의 인구-연도 graph와 비교하는 방법으로 인구의 개략값을 알고자 할 때 사용하는 실적비교 연장법이다.

1.3.5 급수의 종류

(1) 가정용수

일반가정에서 사용되는 음료, 취사, 세탁 등에 사용되는 용수를 말하며, 대체로 보통 생활정도의 표준사용량은 80~100ℓ 이며, 수세식 화장실의 사용시 1인당 하루에 30~50ℓ 가 더 소비되므로 도시의 경우 1인 1일당 50~60ℓ 이상으로 하는 것이 원칙이다. 가정용수는 우리 인간에게 직접 섭취되는 양이 많으므로 다음과 같이 가장 엄격하게 다루어야 한다

① 병원 미생물에 오염되었거나 오염될 우려가 있는 물질을 함유하면 안된다.
② 건강에 유해한 영향을 미칠 수 있는 무기물질이나 유기물질을 함유하면 안된다.
③ 냄새, 맛 등 물리적 성질이 양호하여 불쾌감, 불안감을 주면 안된다.
④ 물의 색 등 심리적 영향을 미칠 수 있는 물질을 함유하면 안된다.
⑤ 기타 건강에 유해한 영향을 미칠 수 있는 물질을 함유하면 안된다.

인체에 대한 유독물질은 보통의 하천수나 지하수에는 함유되지 않으나 최근 생활오수, 공장폐수, 축산폐수, 농업배수 등으로 오염이 되면 원래 함유되어 있지 않았던 독물이 나타난다. 독물의 인체에 대한 반응도 급성증상을 나타내는 것과 오랜 기간동안의 섭취에 의해서 만성중독을 가져오는 것도 있으며, 수질기준에서는 절대로 함유해서는 안 될 독물과 다소 함유하여도 허용기준 이내이면 허용되는 유해물질로 구분되어 있다.

(2) 영업용수

음식점, 여관, 호텔, 오락장, 백화점, 이발관 등 영업용에 사용되는 물을 말한다.

(3) 공업용수

수돗물을 공업용에 사용하는 곳은 비교적 소규모 공장이며, 대규모 공장은 공업용수를 별개의 전용수도로 하는데, 공업용수의 수질은 공업의 종류, 공장의 규모, 지하수 및 공업용수 사용의 유무 등에 따라 다르다.

(4) 공공용수

관공서나 일반 사무소, 학교, 병원, 군대, 도로의 살수, 하수관의 세척용, 소화용수, 등에 사용되는 물을 공공용수라 한다. 대체로 1인 1일당 사용수량은 20~30ℓ 정도로 한다.

(5) 불명수량

불명수량이란 주로 누수를 말하는데 배수관이나 급수관의 접합부분에서의 누수, 시공의 불량, 유지관리의 불완전, 관내 수압상승으로 인한 누수 및 소화전 누수와 그 밖의 공공시설에서의 누수 등으로 인한 수량을 말한다. 누수량은 전체 배수량의 10~20% 정도이며 심한 경우 30%이상 일수도 있다.

(6) 가축용수

도시의 경우에는 특별하게 고려할 필요가 없으나 농촌지역의 수도에서는 고려해야 한다.

(7) 소화용수

급수량 이외에 화재시를 고려하여 소화용수를 포함시켜 설계해야 하며 소화용수량은 시간최대급수량과 배수시설의 규모 결정과 밀접한 관계가 있다. 소화용수를 추정하는 방법은 다음과 같으며, 인구 20만명이하의 도시에 적용한다.

① NBFU(National Board of Fire Underwriter, 미국 국립소방협회)공식

$$Q_m = 3.86\sqrt{P}(1-0.01\sqrt{P})(m^3/\text{분})$$

$$Q_g = 1020\sqrt{P}(1-0.01\sqrt{P})(gal/\text{분})$$

여기서, Q_g : 소화용수량(gal/분)

Q_m : 소화용량(m^3 /분)

P : 인구수를 1,000으로나눈값

② Kuichling 공식

$$Q_m = 2.65\sqrt{P}(m^3/\text{분})$$

$$Q_g = 700\sqrt{P}(gal/\text{분})$$

③ Freeman공식

$$Q_m = 0.946(\frac{P}{5}+10)(m^3/\text{분})$$

$$Q_g = 250(\frac{P}{5}+10)(gal/\text{분})$$

단, 인구 20만명이상의 경우는 제 2 차 화재준비용으로 2,000~8,000(gal/분)을 가산한다. 또, 유량 $1m^3$(=1000ℓ)은 264gal이다. 시내의 소화전은 배수지관에 설치하며, 각 블록마다 1개씩 또는 그 이상 설치한다. 대체로 화재 계속시간을 소도시에서는 1~1.5시간으로 가정하는 것이 적당하며, 미국 국립소방협회에서는 인구 2,500명이하의 도시에서는 5시간, 그 이상에서는 10시간으로 추산한다.

1.3.6 계획급수량의 산정

급수량은 사용수량 또는 소비량을 말하며, lpcd(liter per capita perday, ℓ/day)의 단위로 표시하며, 우리나라의 경우는 지역에 따라 1인 1일당 급수량이 200~450ℓ/day 정도이다. 취수·도수·정수·송수시설은 1일 최대급수량을 수도설계기준으로 하며, 저수시설과 배수시설은 계획 1일 최대급수량이 발생하는 날의 시간적 변화를 설계기준으로 한다. 급수량을 결정하는데 있어서는 도시의 규모, 기후조건, 생활수준, 하수도설비, 산업 발달의 정도, 사용목적에 따른 수질관계, 배수관망의 수압 등의 사항이 고려되어야 하는데, 급수계획을 위한 주위사항은 다음과 같다.

① 갈수기를 대비하여 수원은 가능한 한 2개 이상으로 한다.
② 가능한 한 자연유하방식을 택하여 펌프의 사용을 적게 함으로써 유지관리비를 감소시킨다.
③ 도수 및 송수관은 가능한 한 2개의 병렬배관망을 형성하여 상호보완 급수가 가능하도록 한다.
④ 우수, 지하수 등의 침투를 받지 않도록 한다.
⑤ 정전에 대비하여 2개 이상의 전원을 연결하도록 한다.

(1) 계획 1인 1일 최대급수량

계획 1일 최대 급수량은 수도시설의 규모결정의 기초가 되는 수량으로 다음과 같이 산정한다.

계획 1일 최대 급수량 = 계획 1인 1일 최대급수량×계획급수인구

= 계획 1일 평균급수량 ×

1.3(대도시, 공업도시)
1.5(중소도시)
2.0(농촌, 주택단지, 소도시)

(2) 계획 1인 1일 평균급수량

계획 1일 평균급수량은 약품, 전력사용량의 산정이나 유지관리비나 수도요금의 산정에 사용되므로 재정계획에 사용되는 수량이며, 대체로 계획 1일 최대급수량의 70~85%를 표준으로 한다.

① 1일 평균 급수량$=\dfrac{\text{연간총급수량}}{365\text{일}}$

② 계획 1일 평균급수량 = 계획 1일 최대급수량 × $\begin{array}{|l|}\hline \text{0.7(중소도시)} \\ \hline \text{0.8(대도시, 공업도시)} \\ \hline \end{array}$

③ 1인 1일 평균 급수량$=\dfrac{\text{1일평균급수량}}{\text{급수인구}}$

④ 월 최대급수량= 월 평균급수량×(1.2~1.5)×30일

⑤ 1일 최소 급수량= (1일 평균 급수량)×0.6

(3) 계획시간 최대급수량

1일중 시간변동량이 최대로 될 때의 1시간당 급수량을 시간 최대급수량이라 하며, 계획년차의 계획 1일 최대급수량을 보이는 날의 시간 최대급수량을 산정해서 이것을 계획시간 최대급수량이라 하여 배수관계산에 사용된다. 시간변화에 대한 내용을 정리하면 다음과 같다.

① 시간변화는 계절에 따라 그 형태가 다르나 대체로 오전 10시 및 오후 18시경에 최대가 되며 2시경에 최소가 된다.
② 일 변화 역시 계절에 따라 다르나 하절기의 경우 가장 더운 날이 최대사용량이 된다.
③ 월 변화는 주로 기온에 의하여 여름철인 7~8월이 최대이고, 겨울철인 1~2월은 최소인 것이 보통이다.

$$\text{계획시간최대급수량}=\frac{\text{계획1일최대급수량}}{24}\times\begin{array}{|l|}\hline \text{1.3(대도시, 공업도시)} \\ \hline \text{1.5(중소도시)} \\ \hline \text{2.0(농촌, 주택단지, 소도시)} \\ \hline \end{array}$$

이러한 각종 급수량은 수도용 구조물(취수·정수·송수·배수시설)의 규모 결정과 배수본관 구경 결정에 표준수량으로 사용되고 있으며, 아래의 표와 같은 비율로써 계획된다. 시간 최대급수량은 소화용 수량을 고려하지 않을 경우는 150~220ℓ로 하고, 고려할 경우에는 200~500ℓ로 하면 적당하다.

표 1.4 급수량과 수도시설의 규모 계획

구분 \ 급수량종류	연평균 1일 사용수량에 대한 비율 (%)	수도 구조물의 명칭
1일 평균급수량	100	수원지, 저수지, 유역면적의 결정
1일 최대 평균급수량	125	보조저수지, 보조용수 펌프의 용량결정
1일 최대급수량	150	취수정수배수시설(여과지면적, 송수관구경 배수지)의 결정
시간 최대급수량	225	배수 본관의 구경 결정

(4) 사용수량의 변화

일반적으로 물의 사용량은 계절 또는 시간(월, 일, 시)에 따라 변화하며, 도시의 상태와 조건에 따라 차이가 크다. 그러므로, 1인 1일 급수량은 1일 평균송수량을 1년에 걸쳐 평균한 것을 1인 1일 평균급수량이라 하고, 1일 최대송수량(배수량)을 평균한 것을 1인 1일 최대급수량이라고 한다.

(5) 급수계획의 안정성

상수도 시설이 설치된 이후에는 재래식 우물 등과 같은 보조적인 급수권이 사용되지 않게 되어 수도의 급수에만 의존하게 된다. 이러한 경우 상수도 시설의 이상 등으로 단수가 될 경우 일반인들의 생활에 큰 불편을 주며, 공장 등 산업시설의 운영에도 영향을 준다. 그러므로 가능한 한 단수가 발생되지 않게, 급수계획을 해야 하며 만약 단수가 발생되더라도 빠른 시간내에 복구를 할 수 있도록 해야 한다. 이와 같은 급수계획의 안정성을 위하여 다음과 같은 사항을 고려해야 한다.

① 가능한 한 자연유하방식을 이용하여 펌프사용을 없게 한다든가 적게 한다.
② 수원을 2곳 이상으로 하여 갈수기의 취수에 대비한다.
③ 도수관이 송수관은 각각 2개 별렬로 하든가, 1개의 경우는 파열 등의 사고 때 복구가 빨리 될 수 있는 노선이나 구조를 선정한다.
④ 정전에 대비해서 전원을 두 계통으로 하든가, 자가발전시설을 갖출 것
⑤ 배수지의 용량을 가능한 한 크게 한다.
⑥ 인접한 수도와 관을 연결하여 지원급수를 받을 자세를 취해둔다.

급수의 안정성을 높이기 위해서는 공비의 증대가 따르는 것이 보통이나, 단수에 따른 생활의 불편 및 사업시설전반의 마비로 인한 비용을 고려하면 이와 같은 안정성 확보에 최선을 다하는 것이 중요할 것이다.

실무예제 1.6

여주시 강천면 지방상수도의 연평균 급수량이 300 lpcd 일 때 이 도시의 월 최대급수량은 얼마인가?(단, Goodrich 공식의 적용에서 $P=180\ t^{-0.10}$ 이다.)

풀이

연평균 급수율에 대한 백분율 $P = 180 \times 30^{-0.1} = 128.1(\%)$

∴ 월 최대급수량$= 300 \times 1.281 = 384.3\,l\,\mathrm{pcd}$

실무예제 1.7

경기도 어느 도시의 총인구가 5만명이고, 급수인구는 4만명일 때 1년간 총급수량이 200만톤 이었다. 이 도시의 급수보급률과 1인 1일 평균급수량은?

풀이

급수보급율$= \dfrac{40{,}000}{50{,}000} \times 100 = 80\,\%$

1인 1일 평균급수량$= \dfrac{2{,}000{,}000}{40{,}000 \times 365} = 0.137\ \mathrm{t}/人\cdot\ 日 = 137l\ /人\cdot\ 日$

$(\because\ 1\mathrm{t} = 1\mathrm{m}^3)$

실무예제 1.8

경기도 어느 도시의 장래 2010년의 인구추정 결과 85,000명으로 추산되었다. 계획년도의 1인 1일당 평균급수량을 380ℓ, 급수보급률을 98%로 가정할 때 계획년도의 계획 1일 평균급수량은 얼마인가?

풀이

1일 평균급수량$= 380 \times 10^{-3} \times 85{,}000 \times 0.98 = 31{,}654\ \mathrm{m}^3/\mathrm{d}$

m^3/인· 일 人

실무예제 1.9

인구 10만의 경기도의 도시에 계획 1인 1일 최대급수량 600ℓ, 급수 보급률 80%를 기준으로 상수도 시설을 계획하고자 한다. 이 도시의 계획 1일 최대급수량은?

풀이

1일 최대급수량$= 600 \times 10^{-3} \times 100{,}000 \times 0.8 = 48{,}000\ \mathrm{m}^3/\mathrm{d}$

실무예제 1.10

경기도 소재 대도시에서 계획 1일 최대급수량을 420,000m³ 으로 계획한다면 계획 시간 최대급수량은 얼마로 하는 것이 가장 좋은가?

풀이

$$계획\ 시간\ 최대급수량 = \frac{420,000\ m^3}{24\ hr} \times 1.3(大도시) = 22,750\ m^3$$

실무예제 1.11

최근 인구가 집중되는 대도시의 계획1일 평균급수량이 400L이고 계획1일 최대급수량이 500L 일 경우에 계획첨두율은?

풀이

1일최대급수량 = 1일평균급수량 × 첨두율 이므로

500 = 400 × 첨두율 에서 첨두율 = 1.25

1.4 수원

· TIP

각 수원별 특징과 지표수와 지하수의 비교문제가 중요하다. 지표수와 지하수의 장단점, 지표수의 종류 및 지하수의 종류를 구분하여 정리한다.

1.4.1 물의 순환

지구전체를 고려하여 존재하는 물의 구성을 대별하면 대기중에 수증기의 형태로 존재하는 대기수(기권수, atmospheric water), 해양, 하천, 호소와 같이 수역에 존재하는 수역수(수권수, hydrosphe ric water), 지표면 아래에 존재하는 지하수(암권수, lithospheric water)로 구분된다. 물은 항상 이 세 과정을 순환하면서 그 형태를 변화하고 있으며, 이러한 물의 순환을 수문학적 순환(hydrologic cycle)이라 하고 수분이 해양에서 대기, 육지, 다시 해양으로 이동하는 끊임없는 순환과정을 말한다. 이 과정 중에는 부수적인 물의 순환이 존재하는데, 내륙수가 증발되어 바다로 되돌아오기 전에 강수로 되는 경우가 한 예이다. 물의 순환과정을 모식적으로 그린 것이 그림과 같고, 각 과정은 다음과 같다.

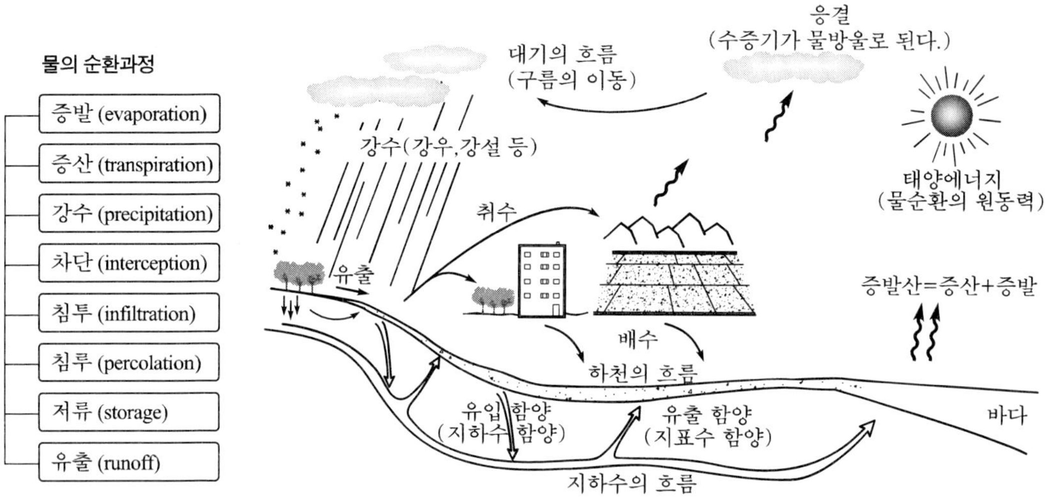

그림 1.7 물의 순환

지구상에 존재하는 물의 총량은 여러 학자들의 의견이 있으나 대체로 다음과 같이 정리된다. 즉, 지구표면은 해면이 지면보다 훨씬 넓게 분포되고 있으며 수자원의 부존량도 해수가 약 97.5 %이며 담수는 약 2.5 %에 불과하다 수자원 가운데 우리들이 주로 이용하는 담수자원은 하천수나 호수를 생각할 수 있으며, 전 수자원에 비하면 대단히 미소한 양이나 이수의 측면에서 볼 때 대단히 중요한 수자원이다. 지구상의 수자원 부존량을 요약하면 다음의 표와 같다.

우리나라의 수자원현황을 정리하면, 우리나라는 대륙으로부터 돌출된 반도로 형성되어 있어 기상의 성격이 반대륙성 및 반해양성으로 계절풍과 태풍의 영향을 많이 받는 지대에 속하고 있어 계절적으로 강우차이가 극심한 것이 특징이다. 연평균 강우량은 1,274mm로서 세계평균의 970mm에 비하여 1.3배로 비교적 많은 편이나 용수면에서 보면 인구밀도가 조밀한 관계로 인구 1인당 연간 총우량은 약 3,000m^3로서 세계평균 약 34,000m^3의 1/11밖에 되지 않으므로 매우 적은 편에 속한다.

우리나라는 국토의 대부분이 산지이며 평야부는 적고 하천의 유속은 빠르고 격한 편이다. 연평균 강우량의 2/3가 우기인 6, 7, 8, 9월에 편중하여 집중강하하는 기상특성으로 수해와 가뭄 등 재해를 당하기 쉬우며, 강우량은 대부분 홍수로 유출되어 평상시 유출의 총 수자원 양의 23%밖에 되지 않으므로 하천수의 이용율이 매우 낮은 불리한 자연적 여건을 가지고 있다.

또한 지하수의 부존량은 1조 3,240억m^3로 추산되고 있으나 지하수가 부존하고 있는 대수층이 얇고 사전 조사 및 개발에 있어서 기술적 경제적 타당성이 희박한 편에 속한다. 또한 유역별 수자원 부존량과 용수수요가 균형을 이루지 못하고 있기 때문에 광역 용수 개발이 불가피하며, 관정 등 소규모 이외의 지하수 개발은 기대하기 어려운 실정이다.

표 1.5 지구 전체의 수자원 부존량

물의 부존 상태		면 적 (km^2)	부 피 (km^3)	비 율	
				수자원 부존량(%)	담수 부존량(%)
바다		361.3×10^6	1,338×10^6	96.5	–
지 하 수	총량	134.8×10^6	23.4×10^6	1.7	–
	담수	134.8×10^6	10.5×10^6	0.76	30.1
토 양 수 분		82.0×10^6	16.5×10^6	0.001	0.05
빙 하		16.2×10^6	24.1×10^6	1.74	68.7
호 수	담수	1.24×10^6	91×10^3	0.007	0.26
	염수	0.82×10^6	85.4×10^3	0.006	–
늪		2.68×10^6	11.5×10^3	0.0008	0.03
하 천		148.8×10^6	2.12×10^3	0.0002	0.006
대기중의 수분		510.0×10^6	14.0×10^3	0.0011	0.043
총계	총량	510.0×10^6	1,386×10^6	100.0	–
	담수	148.8×10^6	35.03×10^6	2.53	100.0

한편, 우리나라 전역에 내리는 연간 강수량은 약 1,274mm로서 이는 약 1,267억m^3에 달하는 수량이며 우리나라의 연평균 수자원 부존량이라 할 수 있다. 이를 주요하천 유역별로 나누어 보면 한강이 335억 m^3, 낙동강이 285억 m^3, 금강(만경강 포함)이 147m^3, 섬진강이 71억 m^3, 영산강이 45억 m^3, 안성천이 22억 m^3, 삽교천이 20억 m^3, 그리고 기타 유역이 342억 m^3로 구분된다. 이 수자원 중 바다로 유입되기 이전에 연평균 570억 m^3가 증발, 침투, 지하수 등으로 손실되고 하천을 통하여 유출되는 양은 약 55%인 697억 m^3인 것으로 추정하고 있다.

1.4.2 수원의 조건

수원은 수질이 양호하고 장래 오염의 위험이 없거나 작아야 하며, 계획취수량이 최대갈수기에서도 확보 가능해야 한다. 참고로 갈수량과 갈수위는 1년 중 355일 동안 이보다 이하로 내려가지 않는 수량과 수위, 저수량, 저수위 : 1년 중 275일 동안 이보다 이하로 내려가지 않는 수량과 수위, 평수량, 평수위 : 1년 중 185일 동안 이보다 이하로 내려가지 않는 수량과 수위를 말한다. 수원(water source)의 구비요건으로는 수질측면에서 청정하며 장래에 오염의 우려가 적고 계획취수량을 항상 확보할 수 있는 곳이어야 한다. 이러한 수원의 조건을 정리하면 다음과 같다.

① 수질이 양호해야 한다.
② 수량이 풍부해야 한다.
③ 가능한 한 주위에 오염원이 없거나 장래에도 오염원이 발생하지 않아야 한다.
④ 가능한 한 도시와 같이 주요 소비지에 가까워야 한다.
⑤ 시간적으로 연간 계절의 변화에 따른 수량 및 수질의 변동이 적어야 한다.
⑥ 취수 및 유지관리가 용이하게 수리학적으로 가능한 한 자연유하식으로 취수 등을 할 수 있는 곳이라야 한다.
⑦ 건설비 및 유지관리비가 저렴해야 하고, 장래 수도시설의 확장이 가능한 곳이어야 한다.
⑧ 수리권(水利權)이 확보가 용이하여야 한다.
⑨ 유속은 완만하여야 한다.

대체로 이와 같은 조건에 적합한 수원을 선정하는 것은 매우 어렵기 때문에 도시발전정도의 예측, 수리권 획득의 난이, 건설비 등을 고려하여 수원으로서 여러 방안을 작성하여 비교 검토한 후에 가장 적절한 곳을 채택해야 한다.

1.4.3 수원의 종류

수원의 종류와 각기의 특성을 요약하면 다음과 같다.

① **천수**(meteoric water) : 수면 등에서 증발한 수증기가 응결하여 발생하는 강우, 눈, 서리 등 강수를 말하며, 대기중의 물질들인 산소, 이산화탄소, 세균, 매연, 먼지 등을 포함하고 있다.

② **지표수**(surface water) : 하천수(river water), 호소수(lake water), 저수지수(reservoir water)로 분류되는데, 대체로 부유물질이 많아 오탁도가 가장 높으며, 경도가 낮고, 주위의 영향을 가장 많이 받아 항상 오염에 노출되어 있다. 도시인의 주요 수원으로 활용된다.

③ **지하수**(ground water) : 천층수(shallow well or sub-surface water), 심층수(deep well or ground water), 용천수(spring water), 복류수(river-bed water)로 분류되는데, 복류수는 하천이나 호수의 저부 모래층에 포함되는 물로 수질이 지표수보다는 양호하다. 천층수, 심층수, 용천수는 대체로 경도가 높고, 부유물질 및 세균 등에 오염될 기회가 적으며, 자정작용이 가장 잘 일어난다.

한편 강수(precipitation)가 지상에 떨어져 지표를 흐르면 지표수가 되고, 지하에 침투되어 지하수가 된다. 이러한 과정 중에 대기 중의 불순물이 강수에 함유되며, 지상에 떨어진 강수가 지표 및 지하를 흐르면서 각종의 불순물이 함유되는데, 물에 함유될 수 있는 불순물의 종류를 분류해보면 다음과 같이 정리된다.

① **용해성 불순물** : 물의 용해성이 매우 높으므로 모든 물질은 물에 용해될 수 있다. 칼슘이나 마그네슘(석회석), 나트륨이나 카리움(장석), 점토나 철을 포함한 광물에서는 알루미늄, 규소, 철, 망간을 용해시킨다. 이들과 결합하는 산은 탄산, 염산, 황산, 질산, 유기산 등이다. 광물질의 함유량이 너무 많으면 상수로서 부적합하지만, 적절한 양이 포함된 물은 오히려 인체 발육에 필요한 광물을 보급하는 역할을 한다.

② **콜로이드**(colloid)**성 불순물** : 점토 중에서 입자가 작은 것은 수중에서 콜로이드로 되어 부유하게 되는데 색도의 원인이 되기도 하므로 정수과정에서 이를 제거하며 원수에 존재하지 않는 것이 좋다.

③ **부유성 불순물** : 하천수로 운송되는 유송토사는 주로 모래와 점토로 구성되어 있다. 모래는 유속이 느려지게 되면 하상에 침전되어 하류부로 갈수록 부유물질은 많아진다. 점토는 입자가 작아 원수에 포함되어 정수과정 중에서 침전지나 여과지에서 제거된다.

④ **생물** : 수중생물은 수온, 일광조건, 영양염류 등과 같은 환경이 적절할 경우 크게 번식하여 부유한다. 호소나 저수지 등에서 녹조류에 의한 부영양화와 같이 생물의 종류에 따라 수질을 악화시킨다.

⑤ **생활하수 및 공장폐수로 인한 불순물** : 도시인구의 급증과 산업의 발전으로 각종 오폐수량의 증가가 현저하다. 생활하수는 세제 등과 같은 액상이 주를 이루며 약간의 고형폐기물도 함유하며, 유기물이나 세균을 함유하고 있으므로 주로 지표수를 오염시킨다. 하천수를 수원으로 이용하려면 이와 같은 하수의 유입을 고려하여야 한다. 공장폐수는 생산물에 따라 함유되는 물질이 다르며 하천을 오염시키는데, 공장폐수가 유입되는 지

표수도 주의를 기울여야 한다.

1 천수

천수는 강우, 강설, 서리 등을 총칭한 강수를 말하며, 우수가 대부분을 차지한다. 천수는 물의 순환에서 해수나 육지의 물로부터 증발한 수증기가 응결된 것으로 증류수에 해당되나, 지상에 강하시에 공기중의 매연물질(황, 질소, 탄소 등), 먼지, 세균 등이 혼입되어 산성비 등과 같이 영향을 주기도 한다. 천수를 직접적인 수원으로 하는 경우는 도서지역과 같은 특수지역이나, 지표수와 지하수는 근본적으로 우수로부터 공급된다. 이를 정리하면 다음과 같다.

(1) 천수는 강수(降水)라고 하는 비, 눈, 우박 등으로 주로 우수(雨水)이다.
(2) 지하수에 비해서 광물질을 적게 함유하므로 연수(軟水)이다.
(3) 상수원으로는 수량이 적고 일정하지 않아 일반적으로 수원으로는 부적합하나 도서지역 등의 특수지역에서 사용하는 경우도 있다.

2 지표수

지표수는 강수가 직접 지표면을 흐르거나 일부분은 고여있는 상태의 물을 말한다. 지표의 물은 일부는 증발되고, 일부는 식물에 흡수되며, 일부는 지표에 고여 호소나 저수지가 되고, 지하로 침투하여 지하수가 되는 물 이외에는 지표를 흐르는 하천수가 된다. 지표수는 하천수, 호소수, 저수지수로 나누어지며, 그 근원은 대부분이 우수이지만 일부는 지하수로 유입되는 경우도 있다. 지표수는 주변환경에 가장 큰 영향을 받게되어 주위의 오염원에서 발생되는 오염물로 오염될 가능성이 크다. 수원 중에서 각종 미생물, 무기물, 유기물 등이 가장 많이 포함되어 있는 한편 수원 중에서 가장 손쉽게 구할 수 있다. 지표수와 지하수가 수질면에서 서로 다른 점을 정리하면 지표수의 특성은 다음과 같다.

① 부유성 유기물이 풍부하다.
② 공기가 용해되는 기회가 많으므로 공기의 성분이 용해되어 있다.
③ 경도가 지하수에 비하여 낮다.

(1) 하천수

인류의 문명은 하천을 옆에 두고 발생한 것과 같이 현재까지도 대부분의 도시는 하천과 함께 하고 있으며, 이는 하천수가 인간에게 가장 큰 수원으로 활용되었음을 말한다. 일반적으로 도시에서는 하천이 상수원과 동시에 하수를 처리하게 되어 하천의 오염도가 높아지는 경향을 보이며, 기상이나 기후에 영향을 쉽게 받아 수온의 변화와 홍수 및 가뭄시 유량과 수질의 변화가 심하게 나타난다.

수문학적 순환과정에서 유출이란 지표의 낮은 곳으로 강수의 일부가 흘러 들어와 모아져서 저수지나 바다에 도달하는 하천(river or stream)의 형태로 이루어진다. 하천은 전체구간이나 일부구간에서 물이 흐르는 상황으로부터 항상 물이 흐르는 상시하천(perennial stream), 1년 중 어느 기간에는 물이 마르는 하천인 간헐하천(inter-mittent stream), 큰 비나 눈이 녹을 때만 물이 흐르는 일시 하천(ephemeral stream)이 있다.

우리나라의 하천특성으로는 유량의 계절변화가 매우 크다는 것이다. 유량의 변화를 나타내는 방법으로 하상계수를 사용하는데, 하천의 임의 지점에서 최대유량과 최소유량의 비 또는 그 역수를 그 지점의 하상계수라 한다.

$$\text{하상계수} = \frac{\text{최대유량}}{\text{최소유량}}$$

하상계수는 수문학적 인자인 강수량과 그 계절적 편차, 그리고 유역지형요소에 따라 다르며 하상계수가 크면(역수인 경우 작으면) 최대유량과 최소유량의 차가 큰 경우이므로 치수 및 이수의 후면에서 매우 불리하다. 우리나라 하천은 표 1.6에서 볼 수 있는 바와 같이 일반적으로 하상계수가 매우 큰 값을 나타내고 있어, 치수 및 이수 측면에서 어려움을 겪고 있으며 수원을 결정하려면 가능한 한 장기간의 조사가 필요하다.

표 1.6 우리나라 및 세계 주요 하천의 하상계수

하천명	하상계수	하천명	하상계수
한강	393	양자강	22
낙동강	372	메콩강	35
금강	299	간지즈강	35
섬진강	734	나일강	30
영산강	682	세느강	23
대동강	404	라인강	14
재령강	715	템스강	8
임진강	785	도네천	236
예성강	1,320	미조리강	75

하천수를 정리하면 다음과 같다.

① 양적으로 가장 풍부하여 상수도의 수원으로 가장 널리 이용된다.
② 주변의 오염원에 의한 오염의 가능성이 크다.
③ 수질이 기상, 기후의 영향을 받기 쉽고, 수질 및 수량변동이 심하다.
④ 여름과 겨울의 수온차가 크다.
⑤ 지하수와 비교하여, 취수비용이 적고, 무기·유기성의 부유물을 많이 함유하고 있지만 용존산소가 풍부하고 경도도 낮다.

(2) 호소수 및 저수지수

호소수는 하천유로의 확대부분으로 간주하며, 넓은 의미에서 평균수심이 5m이상일 경우 호, 1m~5m인 경우를 소라고 한다. 호소수는 수량으로 하천보다 안전하며, 침전에 의한 자정작용(self purification)도 하천에 비하여 크고, 오염물질은 하천수를 통하여 서서히 유입되면서 그 확산속도도 느리므로 대체로 수질이 하천수에 비하여 양호하다. 저수지는 대체로 하천의 상류부에 댐 등을 축조하여 수량이 풍부한 시기에 저장하였다가 갈수기에 사용하는 인공적인 호수라 할 수 있다. 저수지의 수질은 호수와 유사하며, 수면부근에는 조류 등이 많이 번식해 있다. 호소수의 수질특성상 상부는 오염물 및 조류의 영향, 하부는 침전물의 영향을 받으므로 취수는 수심의 중간부근이 좋으며, 적어도 수면에서 약 3m정도 아래지점에서 취수하는 것이 좋다. 호소 및 저수지수의 특성을 이해하려면 성층과 여름, 겨울의 정체현상과 봄, 가을의 순환현상을 잘 파악해야하며, 조류에 의한 부영양화(eutrophication)현상도 파악해야 한다. 이러한 미생물들은 물맛에 영향을 주며 여과지를 막히게하는 원인이 되므로 황산구리($CuSO_4$) 및 염소 등을 살포하여 초기에 제거할 필요가 있다. 하천수에 비하여 호소수의 수질특성을 정리하면 다음과 같다.

① 침전에 의한 자정작용(부유물 침전, 색도 저하, 세균 제거 등)이 크다.
② 오염물이 널리 확산되지 않는다.
③ 수질의 변화가 서서히 진행된다. 일반적으로 지표수보다 수질이 양호하다.
④ 미생물의 번식이 용이하다.
⑤ 봄, 가을의 순환기에는 수질이 매우 악화된다. 즉, 여름과 겨울에 성층현상, 봄과 가을에 전도현상(Turn Over 현상)이 발생한다.

3 지하수

지하수는 지표면에 내린 강수가 침투 및 침루과정을 통하여 단시간내에 하천으로 유출되지 않고 지하에 머무르면서 흐르는 물을 말한다. 지하수는 지표아래 널리 분포하는 자원이자 지구상의 다른 자원과는 차이가 있는 보충적 자원(replenishable resource)이긴 하지만 생활용수, 공업 및 농업용수 등에 중요한 수자원으로 이용되고 있으며, 건조기나 갈수기에 하천유량의 유일한 공급원이 되기도 한다. 지하수를 자원으로 이용하기 위해서 지하에서 물의 흐름에 관한 원리인 지하수의 수리(hydraulics of groundwater)를 정확하게 이해해야 한다. 또한 지하수의 연구는 발생지역과 물의 함양(recharge)의 문제이며, 해수를 제외한 담수만을 고려할 때 지하수가 차지하는 체적은 아래의 표 1.8과 같다.

지하수의 운동은 수문순환의 여러 과정과 비교하여 상당히 느린 속도로 진행되며 이는 대기수와 하천수가 교환되는데 걸리는 시간(물 교환 속도)이 대략 0.027~0.031년 정도가 소요되나 지하수는 약 280년 정도가 소요됨을 비교함으로써 알 수 있다.

표 1.7 담수의 구성 및 체적

구분	담수량 체적(km³)	전체담수량에 대한 비율(%)
얼음 및 빙하	24,000,000	84.945
지하수	4,000,000	14.158
호수 및 저수지	155,000	.549
토양수	83,000	.294
대기수	14,000	.049
하천수	1,200	.004
합계	28,253,200	100.000

아래의 그림 1.8은 지표면의 전형적인 단면도이며 지하수면(ground-water table)으로 두 개의 구역으로 나뉜다.

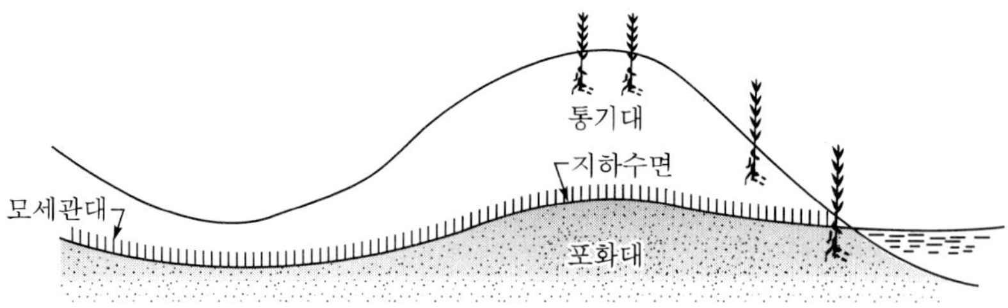

그림 1.8 지하수면

그림 1.8에서 지하수면 아래는 물로 포화된 상태이므로 포화대라 하고 지하수면 위는 공기와 물이 차 있어 이를 통기대 또는 불포화대라 한다. 지하수의 기원은 대체로 대기수, 암석수, 화산수로부터 유래되는 것으로 알려져 있으며 이를 간단하게 설명하면 다음과 같다.

① **대기수** : 대기권으로부터 강수에 의해 지상에 내린 후 침투 및 침투현상에 의해 포화대인 지하수면에 도달한 상태의 물을 말한다.

② **암석수** : 암석층이 형성될 때 층 사이의 공극에 물이 낀 상태의 물을 말한다.

③ **화산수** : 화산 작용에 의해 지하수로부터 분출하여 지표면을 통하여 지하수가 된 상태의 물을 말한다.

암석수와 화산수는 대기수에 비교하여 매우 적으므로 지하수의 대부분은 대기수로 이루어진다고 할 수 있다.

양수정(wells)에 의해 경제적으로 물을 사용하기 위해서는 비교적 충분한 공극(pore)에서 물을 이동시키는 지질학적 형태 또는 물을 이동시킬 수 있는 지층을 대수층(aquifer)라 한다. 대수층은 주로 비압밀 자갈, 모래, 충적토, 호수퇴사, 사암, 산성수(acid water)의 영향(석회암 지대의 공간)으로 인한 공간, 풍화된 편마암이나 편암, 균열된 대리석층, 규암, 공극이 있는 현무암, 점판암 등이 있다. 물을 흡수는 하지만 많은 양의 물이 이동할 수 없는 지질형태를 난투수층(aquiclude)이라하며, 점토, 셰일층 등이 이에 해당한다. 상호 연결되는 공극이 없어 물을 흡수만 하고 이동이 전혀 안 되는 지질형태를 불투수층(aquifuge)라 하고 현무암과 화강암층 등이 이에 해당한다. 대수층에 비하여 매우 느린 속도로 물을 이동시키는 지질형태를 반투수층(aquitard)라하고 모래 하상속의 점토렌즈(clay lenses)등이 이에 해당한다.

암석이나 토양입자 사이에는 지하수가 흐르게 되는 공간이 존재하여 이 공간을 공극(pores, voids or intertices)이라 하고 지하수 연구에 중요한 역할을 한다. 암석 또는 토양의 내부공간을 양적으로 표시하는 척도로 공극율(porosity)이 사용되며 다음과 같이 표현된다.

$$n = \frac{Vp}{Vt} \times 100 \ (\%)$$

여기서 n : 공극율(%)

Vp : 공극의 체적

Vt : 암석 또는 토양의 총체적

공극율에서 공극이 물로 포화된 상태의 토양입자 주위에 부착력 등으로 인한 수막의 영향을 제외시킨 순 공극율을 유효공극율이라 한다. 포화대의 수면은 자유수면으로 수압은 대기압과 같다. 지하수는 포화대내의 모든 공극을 차지하고 있으므로 공극율 n이 지하수량의 척도가 된다. 실제로는 물분자와 흙입자간의 응집력이나 표면장력으로 공극율로부터의 전체수량을 지하수 자원이라고 할 수는 없다. 이와 같이 포화대내에서 항상 토양내에 존재하게되는 것을 잔류수(retained water)라 하고 포화대의 전체체적 V_t에 대한 보유수가 차지하는 체적 V_r의 비율을 잔류수율(specific retention) R_s라 하며 다음과 같이 표현된다.

$$R_s = \frac{V_r}{V_t} \times 100 \ (\%)$$

이와 반대의 경우 포화대로부터 채취 및 배수가 가능한 수량을 채수가능율(specific yield) Y_s로 표현하며 유효공극율이라고도 한다. 채수가능율 Y_s는 포화대로부터 채수 가능한 수량 V_y와 포화대 전체체적 V_t에 대한 비율로 다음과 같이 표현된다.

$$Y_s = \frac{V_y}{V_t} \times 100 \ (\%)$$

이와 같이 채수가능한 비율은 대수층의 공극이 차지하는 체적의 일부분이며, 이 비율에 영향을 주는 인자는 토립자의 크기, 모양, 공극의 분포상태, 토양의 다짐정도(compaction)이다. 아래의 표 1.8은 포화대를 구성하는 재료에 따른 공극률과 채수가능율 및 잔류율의 평균적인 값을 나타낸다.

표 1.8 토양의 구성재료별 공극율, 채수가능율, 잔류율

토양의 구성재료	공극율(%)	채수가능율(%)	잔류율(%)
모 래	35	25	10
자 갈	25	22	3
모래와 자갈	20	16	4
점 토	45	3	42
사 암	15	8	7
석회암	20	18	2
화강암	0.1	0.09	0.01
현무암	11	8	3

표 1.8로부터 토양의 상태나 압밀 상태 등과 같은 여러 다른 조건에 따라 크게 달라질 수 있다. 특이한 사항은 점토의 공극율은 가장 큰데 비해 채수가능율은 가장 낮음을 알수 있다. 한편 인간이 지하수를 자원으로 이용하려 할 때 경제적으로 채수할 수 있는 물의 양을 안전채수량(safe yield)이라 한다. 수문학적인 관점에서 안전채수율을 알아내는 것은 지하수 문제의 핵심 사항에 해당하는데 이에는 여러 가지 인자에 의하여 영향을 받는다. 수문학적 물수지(hydrologic budget) 관계로서 안전채수량 S_y는 다음과 같다.

$$S_y = P - Q_r - E + Q_g + \Delta S_g - \Delta S_s$$

여기서 S_y : 안전채수량

P : 강우량

Q_r : 지표면을 흐르는 유량

E : 증발산량

Q_g : 순 지하수량

ΔS_g : 지하수 저류량의 변화

ΔS_s : 지표수 저류량의 변화

지하수를 함유하는 대수층은 주로 모래와 자갈로 구성되며 이들 대수층은 지하수를 자원으로 활용할 수 있게 지하저수지 역할을 한다. 대수층의 지하수 흐름이 압력의 영향을 받는가에 따라 피압대수층(confined aquifer)과 비피압대수층(unconfined aquifer)으로 분류된다. 비피압대수층은 대수층의 일부분이 물로만 채워져 있는 포화층의 상부수면이 자유롭게 상승할수 있어 자유대수층(free phreatic)이라고도 한다. 대수층내 저류수량의 변화는 지하수면의 상승이나 하강을 말하며 이는 그 지역의 유량, 주입(recharge)량, 우물에 의한 양수량, 대수층의 투수성(permeability) 등에 따라 변화한다.

아래의 그림 1.9에서 비피압대수층의 전형적인 모습을 볼 수 있으며 여러 종류의 우물을 이용하여 지하수면을 측정하면 지하수 부존량이나 분포 및 이동상태를 알 수 있다.

피압대수층은 지하수가 암석이나 점토와 같은 불투수성인 층사이에서 대기압보다 큰 압력을 받고있는 층이다. 비피압대수층과는 달리 피압대수층은 물의 주입지역(recharge area)이 정해져 있는 경우가 많다. 피압대수층을 지나는 우물의 수위에 영향을 주는 것은 층내의 저류수량이 아니라 압력의 변화에 의하며 피압대수층은 주입지역부터 지하수가 지표로 유출되는 지점까지 마치 관수로와 같은 역할을 한다.

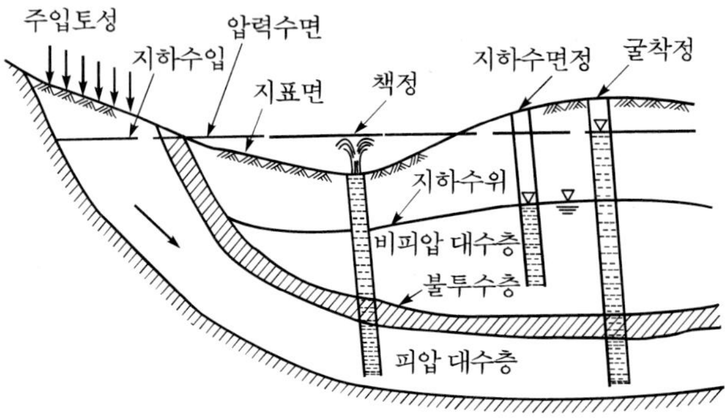

그림 1.9 대수층의 구성

지하수는 유기물질이 적고 광물이나 이산화탄소 등의 성분이 많기 때문에 경도가 높은 것이 특징인데, 수원으로서 지하수의 특징은 다음과 같다.

① 경도가 높다.
② 연간 수온의 변화가 적다.
③ 수질에 지질의 영향이 크다.
④ 부유물이 적으므로 탁도나 그 이외의 수질항목 등이 안정되었다.

지하수를 수원으로 사용할 경우 다음과 같이 분류하여 취급한다.

① **천층수**(shallow groundwater or sub-surface water)
자유면을 가진 지하수로 지층이 얕아 정화가 덜된 경우가 많으므로 수질이 위생상 불안정한 경우가 많다. 천층수는 통기대에 위치하므로 산화활동이 활발하게 진행된다.

② **심층수**(deep groundwater or groundwater)
불투수층사이에 존재하는 피압지하수를 심층수라 하는데, 대체로 정화가 잘되어 있어 위생상 안전한 경우가 많으며, 수질 및 수온의 변화도 거의 없는 안정된 지하수이다. 그러나 산소의 부족으로 환원작용이 발생되는 경우가 있으며, 수량면에서 깊은 곳에 존재하므로 정확한 수량의 책정이 곤란하여 불안정하다.

③ **복류수**(river-bed water)
복류수는 하천이나 호소의 바닥이나 측면의 모래, 자갈층에 포함되어 있는 물로서 관거(pipe or conduit)를 설치한 후 집수하여 사용한다. 어느 정도의 여과를 거쳤으므로 지표수에 비하여 수질이 양호하고 대체로 정수과정에서 침전지를 생략한다. 수질은 천층수와

유사하나 적절한 지점의 선정으로 오염을 방지할 수 있으며, 심층수와 같이 철분, 망간 등의 광물질이 함유되는 경우가 적다. 또한 수량면에서 심층수에 비하여 안정적이다.

④ **용천수**(spring water)

피압지하수면이 지표면 위에 있을 경우 지하수가 솟아나오게 되는데 이를 용천수라 한다. 대체로 용천수는 자연적으로 여과된 물이므로 청정하고 미생물 및 세균도 적으나, 지표로 솟아나올 경우 지표 및 대기의 불순물이 함유될 경우도 있다. 수량면으로 볼 경우 한 지점에서 대규모로 취수하기가 어려우므로 주요 상수도 수원으로 이용하지 않고, 소규모 수도의 보조용 수원으로 이용한다.

4 해수의 담수화

해수의 담수화를 통하여 해수를 수원으로 하는 경우는 도서 지역이나 중동, 아프리카의 사막과 같은 지역에 적용할 수 있는 대안이다. 최근 우리나라에도 도서지역의 물 부족을 해소하기 위하여 소규모로 적용되고 있다. 해수의 담수화에는 다음과 같은 방법이 있다.

(1) 막법

막을 사용하는 방법으로는 해수 중의 염소 이온과 나트륨 이온을 제거하여 담수를 얻는 방법인 전기 투석법과 해수 중의 염분을 제거(염화나트륨 제거율 93%)하는 데 주로 사용하는 분리법인 역삼투압법이 있다.

(2) 증발법

해수를 가열하여 증발시켜 발생한 수증기를 냉각시켜 담수를 얻는 방법으로 방법을 세분하면 다단플래시 증발법, 다중효용법, 증기압축법, 태양열 담수화 플랜트가 있다.

(3) 결정법

순수하지 않은 고체나 그 혼합물을 순수하게 하거나 분리하는 방법으로 냉동법과 가스수화물법이 있다.

1.4.4 수원의 관리

수원을 선정하여 사용하는 것만큼 유지관리 또한 매우 중요하다. 수원의 관리를 대략 정리해보면 다음과 같다.

(1) 수량 및 수질관리

계획된 필요수량을 항상 확보해야 하며, 오염원을 파악하여 수질의 악화를 예방해야 한다. 양질의 음료수를 경제적으로 대량생산 하기 위해서는 양적인 관리보다 오히려 질적인 관리가 중요하고 효과적이다.

(2) 오염원의 증가

인구의 증가, 산업의 발전, 국토개발 등으로 인한 오염의 증가로부터 수원을 보호 관리해야한다. 최근에는 관광지의 개발, 대규모 택지개발 등으로 우리의 수원이 위협받고 있으며, 이에 대한 관리가 철저하게 요구되는 실정이다. 대체로 수원림의 보호가 천연림의 보수용량증가, 산사태, 혼탁수 방출 방지 등에 효과적이다.

(3) 지하수

지하수는 주로 우물을 통하여 사용하며, 우물 이용시 상호간섭이나 과잉양수로 인한 지반침하 등을 주의해야 한다. 지하수의 대규모 개발시에는 반드시 지하수영향조사를 거쳐 여러 측면에서 상세한 정보를 파악한 후 관리에 임해야 할 것이다.

1.5 취수

• TIP

계획취수량과 각 취수시설의 특징, 저수지 용량 산정, 복류수의 특징 및 취수시설 관련 사항이 중요하다. 특히, 저수지 용량 산정 방법 및 취수탑과 집수매거에 관한 내용을 중점적으로 정리한다.

상수도계획에서 계획취수량은 계획 1일 최대급수량을 기준으로 하며, 대체로 정수 등의 과정에서 작업용수 등의 여유를 고려한다. 즉, 취수된 원수가 여러 과정을 거쳐 소비자에게 급수되는 사이에 상당한 양이 손실되는데, 배수시설이나 급수장치 등에서 누수 등의 손실수량은 계획 1일 최대급수량에 포함되나 취수시설에서 정수시설까지의 손실수량은 이에 포함되지 않는다. 그러므로 취수지점부터 정수시설까지 거리에 따라 발생되는 누수, 정수방법의 차이에 따라 발생되는 작업용수 등을 고려하여 계획 1일 최대급수량의 5~10%정도의 여유율을 두어 계획취수량으로 정하는 것이 좋다.

계획취수량 = 계획 1일 최대급수량 × 1.05~1.10

취수지점의 선정은 수원의 종류에 따라 약간의 차이가 있으나 최대갈수기에도 취수가 가능한가, 최대홍수시에도 안전하게 관리조작이 가능한가, 수압, 세굴, 유하물 등에 충분하게 견디는 구조인가 등을 고려하여 어떠한 조건에서도 지장을 받지 않고 취수가 가능한가를 검토한 후에 결정한다. 취수지점의 선정조건을 정리하면 다음과 같다.

① 가능한한 수질이 청정하고 장래에도 오염의 우려가 적은 지점.
② 계획취수량을 안정되고 확실하게 취수할 수 있는 지점.
③ 취수시설의 안정을 위협하는 물의 흐름이 없는 지점.
④ 하상변동에 의한 수위변동이 없는 지점.
⑤ 얼음 등의 부유물에 의한 피해가 없는 지점.
⑥ 하구에서의 취수시 염수의 침입이 안되는 지점.

이와 같은 선정을 위하여 조사해야 할 사항은 최대홍수량, 홍수량, 평수량, 갈수량, 최대갈수량, 최대홍수수위, 평수위, 최대갈수위 등과 강우와 탁도의 연관성, 최대탁도, 하구부근에서는 염도, 각 계절별 수질 등을 포함하고 수리권에 관한 조사도 세심한 주의를 기울여야 한다.

표 1.9 취수지점 및 방법 선정

구분	비고
하천의 최대갈수량 ≥ 계획취수량	직접 취수 가능
하천의 최대갈수량 < 계획취수량	저수지 축조
하천의 년평균유량 > 계획취수량	
하천의 년평균유량 < 계획취수량	하천유량 이용 불가능

1.5.1 하천수의 취수

(1) 취수지점의 선정

하천수의 취수지점을 선정하는데는 하천의 상황이 시간 및 공간적으로 변화하기 때문에 신중하게 고려해야 한다. 하천의 대부분은 곡류부를 가지는 만곡을 이루고 있으며 이러한 만곡부는 세굴과 퇴적이 양안에서 반복적으로 발생되므로 취수지점이 퇴적되어 막히거나 취수시설이 세굴되어 불안정해지므로 가능한 한 취수지점을 선정할 경우 제외시켜야 한다.

또한, 하천유역에서 각종 개발로 인한 토사의 유입으로 하상의 상승이나, 하천 상류에 건설된 댐 등에 의한 하류부의 하상저하로 취수의 어려움을 겪을 수 있다. 그러므로 취수지점의 선정에는 현재의 조건만을 고려하지말고 장래의 변화를 고려해야함을 주의해야 하는데 예를 들어 하상의 변화가 발생할 가능성이 높은 지점에는 취수댐을 설치하는 것이 좋다. 하천수의 취수지점 선정에 고려해야할 주의사항을 정리하면 다음과 같다.

① 장래에 발생 가능한 하상의 변화에 대비하여 유속이 빠르지 않은 지점을 선택한다.
② 취수지점 부근의 지질이나 지반이 견고하여 지진, 산사태나 홍수시에도 취수가 가능할 수 있게 한다.
③ 하수 및 각종 폐수 등에 오염이 되지 않는 지점이어야 하며 염수의 침입에 의한 영향이 없어야 한다.
④ 장래 하천개수 등의 계획에 지장이 없는 지점을 선택한다.
⑤ 건설비 및 유지관리비가 적게 드는 지점을 선택한다.

(2) 취수시설

하천수의 취수시설은 최대갈수기에 대비하여 취수구의 높이를 선정하고 최대홍수시에 유송토사 및 잡물, 수압 등에 견딜 수 있는 구조이어야 하며 취수에 문제가 있을 것으로 생각되면 보호시설을 해야 한다. 하천수의 취수시설은 취수관, 취수탑, 취수문, 취수틀이 있다.

① **취수관**(intake pipe)

취수관을 이용한 방법은 갈수량 또는 갈수위가 일정수준 이상을 유지하는 하천이나 호소에 주로 사용된다. 취수관을 하천의 제방, 호안 등에 매설하여 취수관의 선단을 최저갈수위 이하에 맞추고 도수정(suction well)으로 자연유하 시킨다. 도수정으로부터는 흡입관(suction pipe)로 정수장이나 펌프장으로 보내는데, 지형에 따라 도수정을 생략할 수 있다. 취수관의 입구에는 토사, 부유물 및 물고기 등의 유입을 방지하기 위하여 격자망(screen)을 설치하며, 취수구의 크기는 토사의 유입을 방지하기 위하여 유입속도를 하천의 경우 15~30 cm/sec, 호소의 경우 1~2 m/sec가 되도록 한다. 취수구의 높이는 바닥으로부터 1 m정도 떨어지는 것이 좋으나, 수심이 낮을 경우 최소한 30 cm정도는 유지해야 한다. 취수관의 구배는 토사의 관내 침전을 방지하기 위하여 유속이 0.6~1 m/sec가 되도록 한다.

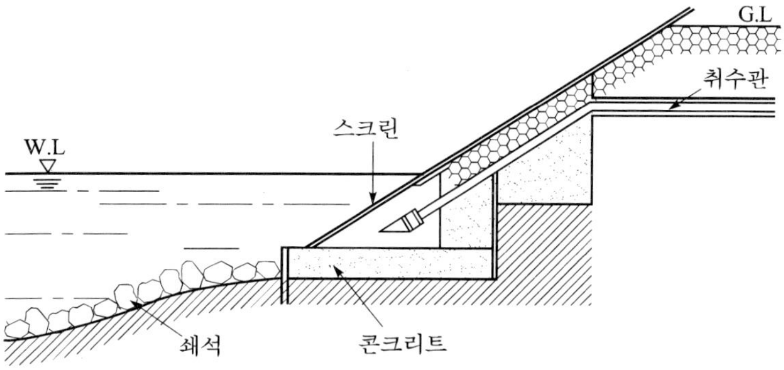

그림 1.10 취수관

② 취수문(intake gate)

취수문은 하천의 상류 및 중류부에서 하안이나 제방의 하부에 직접 취수구를 설치하여 취수문으로 유도하여 사용하는 방법이다. 대체로 취수문의 설치지점 표고가 높으므로 자연유하식으로 도수할 수 있는 경우가 많거나 자연유하식을 사용할 수 있는 지점을 선택하는 것이 좋다. 하상구배의 급격한 변화나 감수기에 수심이 얕아지는 경우를 대비하여 취수댐을 더불어 설치하는 경향이 있으나, 취수댐은 홍수시에 댐 상류의 수위상승이나 역류현상이 발생되게 하는 원인이 되므로 상류부에 대한 영향을 검토해야 한다. 취수문 앞에는 격자망(screen)을 설치하고, 모래 등의 유입을 방지하기 위하여 유입속도를 1 m/sec이하가 되도록 한다.

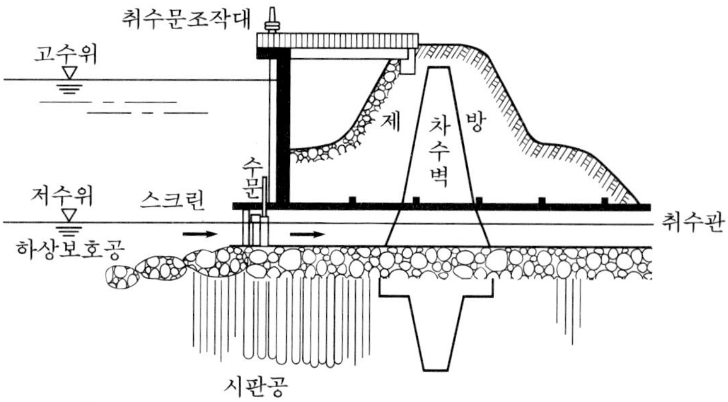

그림 1.11 취수문

③ **취수탑**(intake tower)

취수탑은 하천의 중류 또는 하류부, 호소나 저수지에 사용하며, 연중 수위의 변화가 큰 지점이나 어느 정도의 깊이 즉 최소수심이 2 m 이상 되는 지점에서 취수를 할 경우에 사용한다. 수위의 변화가 큰 곳에서 사용되므로 대체로 여러개의 취수구를 가지고 있으며, 취수구에는 유송잡물이 유입되지 않도록 격자망(screen)을 설치하고, 취수구의 유입속도는 하천의 경우 15~30 cm/sec, 호소의 경우 1~2 m/sec가 되도록 한다. 탑의 상단은 최고수위보다 1~1.5 m 높게 하여 파도 등에도 작업에 영향을 미치지 않게 한다. 취수탑의 장단점을 정리하면 다음과 같다.

- 시설이 영구적이다.
- 하천의 경우 수위의 변화에도 청정한 물을 취수할 수 있다.
- 제수밸브를 사용한 개폐가 자유로워 취수관의 청소가 용이하다.
- 취수탑의 건설비용이 많이 든다.

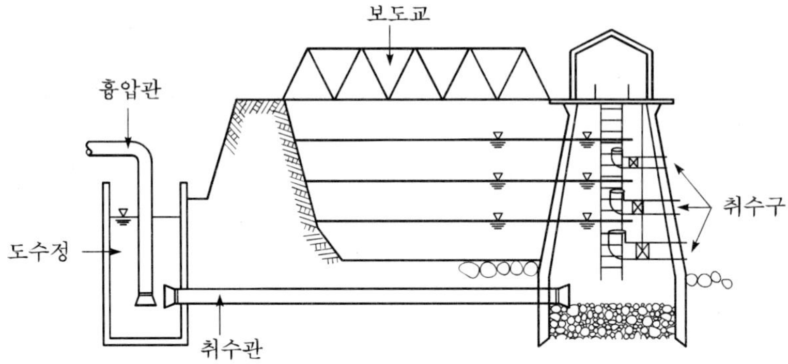

그림 1.12 취수탑

④ **취수틀**(cric)

하천이나 호소 등의 수중에 설치되는 취수시설로 하상이나 호수바닥의 변화가 큰 곳에서는 부적절하며, 안정된 하상인 지점에 설치한다. 대체로 최소수심이 3 m이상인 장소에 사용된다. 취수틀에 유입되는 속도는 하천의 경우 15~30 cm/sec, 호소 및 저수지의 경우 1~2 m/sec가 되도록 한다.

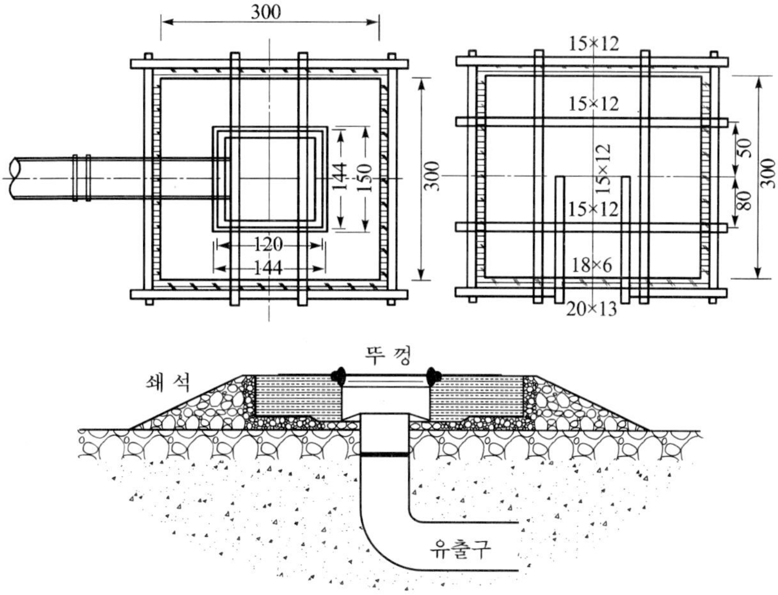

그림 1.13 취수틀

1.5.2 호소 및 저수지수의 취수

호소수 및 저수지수의 취수방법은 하천으로부터 취수하는 방법과 유사하다. 취수시설은 주로 취수관거와 취수탑이 사용되며, 취수관거의 경우 취수구는 수저에 설치하며 수위의 변화가 적고 오염의 우려가 적은 곳인 호안에 설치하는 것이 경제적이어서 좋다. 겨울에는 취수구의 결빙을 고려해야 한다. 취수탑의 경우에는 하천의 취수탑과 유사하며, 취수구는 수면으로부터 수 m 아래에 설치하고 호저에는 침전된 오니가 유입될 가능성이 있으므로 되도록 피해야 한다.

1 취수지점의 선정

호소 및 저수지수는 지형 및 지리 조건을 이용하여 댐 등을 축조한 후 상류로부터 유입되는 물이나 강수를 수원으로 한다. 대체로 저수지의 수질이 가장 좋은 지점은 수심의 중간부근이며, 수면에는 조류의 번식이 심하고, 바닥에는 탄산가스, 철, 망간 등의 오니가 많다. 취수지점 및 취수구의 선정은 다음과 같은 조건을 고려한다.

① 가급적 오염을 피하기 위하여 호안으로부터 먼거리에 있어야 한다.

② 외부 기온에 따른 수온의 변화, 파도, 결빙에 의한 취수에 영향이 없도록 수면으로부터 최소한 3~4 m, 큰 호수의 경우에는 10 m이상 깊은 곳에서 취수하는 것이 좋다.
③ 취수구는 유입하천의 위치를 고려해야 한다.
④ 호저의 지질, 풍향이나 유향에 따른 호저의 오니 상황을 고려한다.
⑤ 수온, 색도 등을 고려한다.

2 호소수의 특성

호소수 및 저수지수는 물의 유동성이 작아 정체현상이 발생되며, 이로 인하여 수질이 악화되는 주요 원인이 된다. 이와 같은 특성은 성층현상(stratification), 전도현상(turn over), 부영양화(eutrophica- tion)현상으로 나타나며, 이에 관한 상세한 내용은 수질편에서 다루었다.

3 저수지 용량 결정

저수지는 갈수기에 계획수량의 부족량을 보충하기 위한 것이 목적이다. 저수지의 필요성 여부는 표 1.9와 같이 댐 축조 지점의 과거 최대갈수량과 계획취수량과의 비교로 검토한다.

저수지의 유효저수량은 과거의 최대갈수량을 보인 기록을 기준으로 산출하는데, 저수지용량을 과다하게 책정되지 않도록 해야 한다. 대체로 재현기간 10년 정도의 갈수년을 기준으로 하며, 다목적댐의 경우에는 5년 정도를 기준으로 하기도 한다. 실제로는 이론적인 저수량에 수면의 증발, 침투, 누수, 퇴적으로 인한 저수용량의 감소 등과 같은 각종 손실량을 고려하여 총저수량으로 한다. 저수지의 용량을 결정하는데는 다음과 같은 여러 방법이 있다.

(1) 리플의 방법(Ripple's method, 이론법)

1882년 Ripple이 저수지의 유효용량을 도해적으로 구하는 방법을 제안하였으며, 일반적으로 널리 사용되고 있다. 댐으로 저수지점에서 하천의 과거의 월별 강수량을 산출하고, 증발, 침투, 댐 하류로의 책임방류량 등과 같은 매월의 손실수량을 빼면 순수량이 된다. 이와 같은 하천의 유출량 누가곡선(runoff mass curve)을 그리는 방법은 다음과 같다.

① 매월마다 하천의 유출량을 산정하여 누가곡선(OA)을 그린다.
② 매월마다의 소비량(손실량) 누가곡선(OB)을 그린다.
③ 유출량이 소비량보다 적은 시기(EG)를 찾는다.

④ 이 시기에 부족한 수량은 E점에서 OB와 평행한 직선을 그어 최대의 세로길이가 된다.

⑤ 여러 개의 세로길이 중에 가장 큰 것(IG)을 선택하여 저수지용량으로 정한다.

⑥ 저수지에 저수하는 시기는 저수지용량으로 결정된 지점에서 OB와 평행하게 그어 OA와 만나는 지점(K)부터이다.

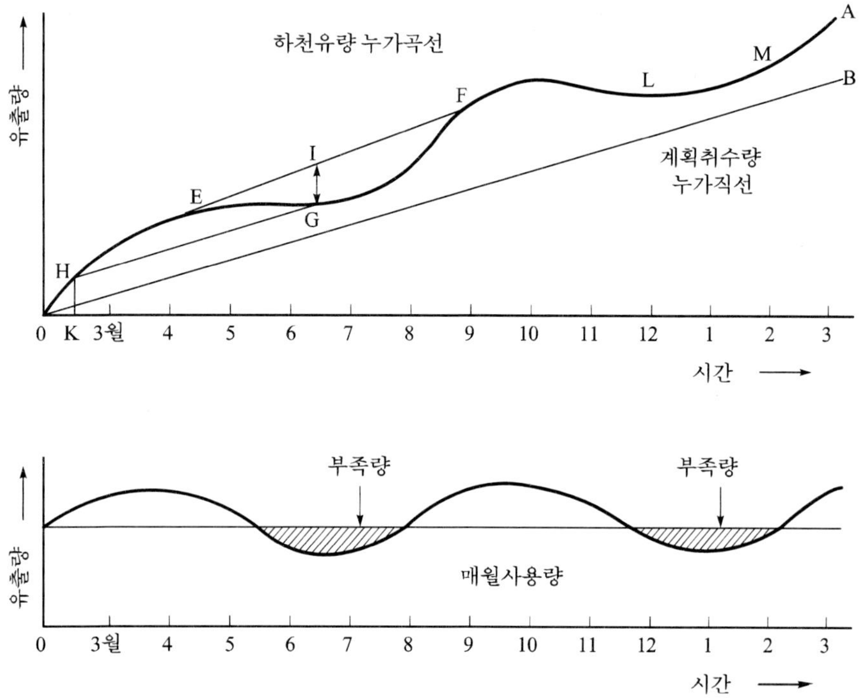

그림 1.14 하천유출량 누가곡선(Ripple's method)

유출량의 단위를 톤/초로 하면 IG의 단위는 톤/초 × 월(30일×24시간×60분×60초)을 곱하여 톤(m^3)의 단위를 가진다. 이 방법은 이론적인 방법이므로 실제로는 여기서 구한 수량에 여유율(20~30 %)을 두는 것이 보통이다.

(2) 유량도법

매월 하천의 유효유입량을 그림과 같이 나타내어 계획취수량의 직선을 그어 곡선과 직선 사이의 면적 중에서 최대값을 사용하는 이론적인 저수량이다.

(3) 가정법

가정법은 다음과 같은 식으로 표현된다.

$$C = 5000 \div \sqrt{0.8R}$$

여기서 C : 저수용량(1일 계획급수량의 배수)

R : 연평균강수량(mm)

실무예제 1.12

경기도 지역의 연평균강수량을 1250 mm라고 하면 저수용량은 몇 일분을 준비해야 하는가?

풀이

$C = 5000 \div \sqrt{0.8R} = 5000 \div \sqrt{0.8 \times 1250} = 158$일

∴ 158일분의 저수용량이 필요.

(4) 경험법

저수지의 용량을 연평균강수량의 많고 적음에 따라 경험적으로 정하는 방법으로 강수량이 많은 지역에는 급수량의 120일분, 강수량이 적은 지역에는 급수량의 200일분을 저수용량으로 한다.

1.5.3 지하수의 취수

1 취수지점의 선정

① 주변의 오염원으로부터 영향을 받지 않아야 한다.
② 갈수기에도 충분한 수량을 확보할 수 있어야 한다.
③ 주변의 우물이나 집수매거에 영향을 주지 말아야 한다.
④ 해안이나 섬지방에서는 해수의 영향을 받지 않아야 한다.
⑤ 복류수의 취수시에는 장래의 유로 및 하상변화를 고려하여 하천의 개수계획에 지장이 없어야 한다.

2 취수방법

지하수의 취수는 천정호라는 자유면 지하수를 취하는 경우와 관정호라는 피압면 지하수를 취하는 경우가 있다.

(1) 천정호(shallow well)

자유면을 가진 지하수인 천층수를 취수하기 위한 것으로 지반을 굴착하여 목재, 석재, 콘크리트 등으로 벽을 쌓고 측벽의 구멍이나 저부로부터 지하수가 유입하며, 그 특징으로는 다음과 같다.

① 저수와 침전을 겸용할 수 있다.
② 기후가 추운 지방일 경우 우물안에 펌프시설을 할 수 있다.
③ 대체로 직경은 1~5m, 깊이는 경우에 따라 다르나 8~30m 범위이다.
④ 지하수의 유입구가 막힐 염려가 없다.
⑤ 지하수의 유입속도는 대체로 3 cm/sec 이하이다.
⑥ 양수하는 양에 비하여 공사비는 높은 편이다.

(2) 관정호

대체로 심층수인 피압면 지하수를 취수할 경우에 사용되며, 강관을 지하의 대수층까지 관입시켜 펌프로 양수한다. 관정호의 특징을 정리하면 다음과 같다.

① 동일한 양수량인 경우 천정호에 비하여 공사비용이 적게든다.
② 대체로 수량이 풍부하다.
③ 30m이상의 지하수를 취수하는데 적절한 방법이다.
④ 모래 등 토사에 의해 지하수 유입구 등이 막힐 우려가 있으므로 유입속도를 3 cm/sec이하로 유지한다.

3 지하수 흐름

(1) Darcy의 법칙

대수층에서 지하수의 흐름은 유체가 포화된 다공성 물질(porous material)내의 흐름과 같으며 1856년 프랑스의 Darcy가 실험을 통하여 다음과 같은 식을 제안하였다.

$$Q = kA\frac{dh}{dl}$$

여기서 Q : 단위 시간의 물의 흐름 양(유량)
k : 투수계수
A : 흐름 방향에 직각이 되는 단면적

dh : 유입 및 유출수의 수두차이

dl : 흐름의 길이

아래의 그림 1.15는 Darcy의 실험장치를 나타내며 여기에 에너지 개념을 도입하면 총수두 h는 위치수두 Z와 압력수두 p/w를 합하며 단위중량의 물이 가지는 위치 및 압력에너지를 합한 총에너지로 표현한다. 물의 흐름 속도에 의한 속도수두로 나타내는 운동에너지의 항도 있어야 하지만 공극을 흐르는 흐름의 속도는 무시할 수 있을 정도로 매우 작다. 그러므로 dh/dl 이란 흐름의 거리 dl 동안 에너지의 손실(energy loss)을 의미하고 이를 동수경사(hydraulic gradient) I 라 하며 다음과 같이 표현된다.

$$I = \frac{h_1 - h_2}{dl} = \frac{dh}{dl}$$

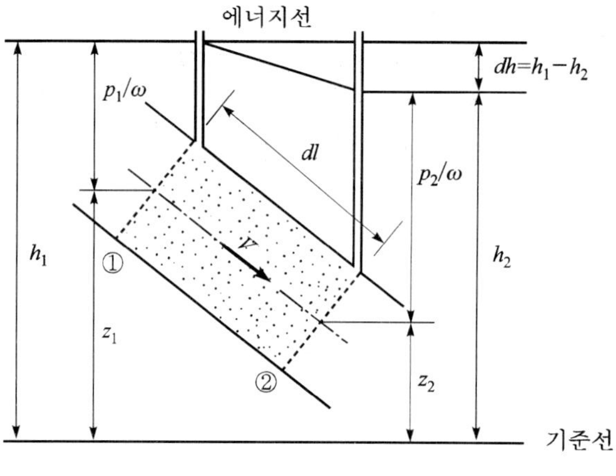

그림 1.15 Darcy의 법칙

상기의 식들로부터 지하수에서의 유량은 다음과 같이 표현된다.

$$Q = kAI$$

이 식을 연속방정식과 비교하면 다음과 같다.

$$Q = kAI = AV$$

그러므로 흐름의 유속은 다음과 같다.

$$V = kI = k\frac{dh}{dl}$$

여기서 유속은 실제 흐름의 유속이 아니라 유량을 단면적으로 나눈값이며 공극을 따라 흐르는 실제유속은 이보다 크게 되는데 실제유속은 다음과 같이 표현된다.

$$V' = \frac{V}{n_e}$$

여기서 V' : 실제유속
V : 이론유속
n_e : 유효공극율

Darcy의 법칙은 다음과 같은 세 가지 가정을 하고 있으므로 그 적용에 신중하게 고려해야 한다.

① 토양을 구성하는 물질의 특성이 균일하고 동질(isotropic and homogeneous)이어야 한다.
② 대수층내에는 모관수대가 존재하지 않는다.
③ 흐름은 정상류(steady flow)이다.

4 우물

(1) 천정

우물의 바닥이 불투수층까지 도달되지 않은 경우에는 그 깊이에 관계없이 얕은 우물 또는 천정(shallow well)이라 한다. 집수정의 바닥이 불투수층까지 도달하지 않은 우물로 물이 측벽 및 바닥에서 유입된다. 집수정의 바닥으로만 유입하는 경우에 집수정 바닥에 따라 다음과 같은 식으로 유량을 산정한다.

① 집수정 바닥이 수평인 경우 : $Q = 4 K r_0 (H - h_0)$
② 집수정 바닥이 둥근 경우 : $Q = 2\pi K r_0 (H - h_0)$

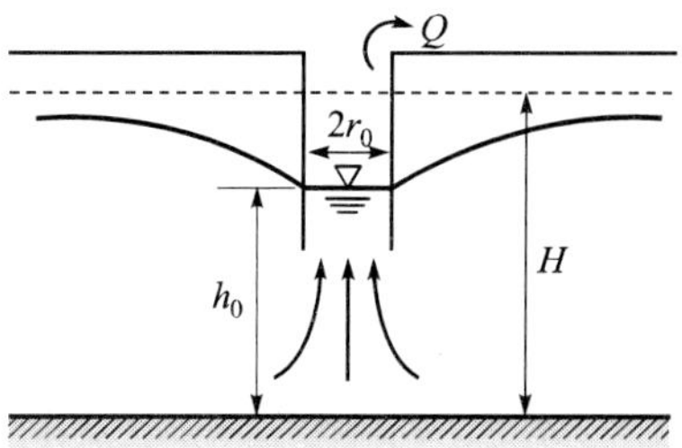

그림 1.16 얕은 우물

(2) 심정

비피압 대수층의 우물에서 우물의 바닥이 불투수층으로 이루어진 경우를 깊은 우물 또는 심정(deep well)이라 한다. 즉, 집수정의 바닥이 불투수층까지 도달한 우물로 물이 측벽으로만 유입된다.

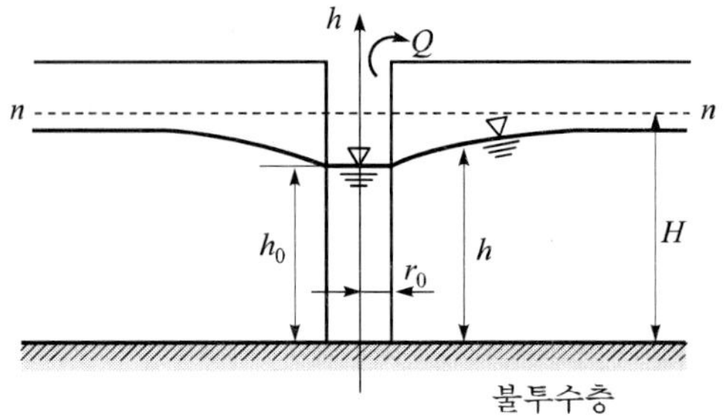

그림 1.17 깊은 우물

원통의 면적은 $2\pi rh$이며, 우물을 향하여 흐르는 유량은 우물에서의 양수량 Q와 같아 다음과 같이 표현된다.

$$Q = A \times V = 2\pi rh \times k\frac{dh}{dr}$$

경계조건 $r = r_0$일 때 $h = h_0$를 사용하여 상기의 식을 적분하고, $r = r_w$일 때 $h = h_w$를 대입하여 정리하면 다음과 같다.

$$Q = \pi k \frac{h_0^2 - h_w^2}{\ln(r_0/r_w)}$$

심정의 경우에는 일반적으로 양수정 가까이까지 수면강하곡선이 [그림]과 같이 급한 경사를 보여 Dupuit의 수평흐름의 가정과 차이가 있으나 수두 h의 정확한 측정으로 어느 정도 만족할만한 산정방법이 될 수 있다. 실제로는 영향권의 반지름을 약 150m~500m정도의 값을 사용한다. 상기의 식 또한 관측정을 사용하여 투수계수 k를 구할 수 있으며 다음과 같이 표현된다.

$$k = \frac{Q}{\pi(h_2^2 - h_1^2)} \cdot \ln\frac{r_2}{r_1}$$

(3) 굴착정

불투수층을 뚫어 피압대수층의 지하수를 양수할 때 이러한 우물을 굴착정(artesian well)이라 한다. 피압대수층 지하수의 흐름이 정상류로 간주하여 양수함으로 인해 주위의 모든곳에서 우물을 향하여 수평으로 흐르면 Dupuit의 가정을 적용할 수 있다.

우물의 중심을 원점으로 우물의 양수량 Q는 반지름 r, 대수층의 두께 a 인 원통둘레를 통하여 흐르는 유량과 같고 다음과 같이 표현된다.

$$Q = A \times V = 2\pi rak\frac{dh}{dr}$$

경계조건으로 $r = r_w$, $h = h_w$라고 하면 상기의 식을 r에 대하여 적분한 후 정리하면 다음과 같다.

$$Q = 2\pi ka\frac{h - h_w}{\ln(r/r_w)}$$

상기 식에서 r의 증가에 따라 h는 무한대로 증가하여 h의 최대값은 h_0이다. 이 식을 지하수 흐름의 평형방정식(equilibrium equation) 또는 Thiem의 방정식이라고도 한다. 상기 식을 이용하면 대수층의 투수계수 k와 전도계수(transmissivity, T=ka)를 양수시험으로부터 결정할 수 있다. 아래그림에서 양수율 Q로 양수할 때 굴착정으로부터 r_1과 r_2거리에 있는 관측정(observation well)에서 실측된 수두를 h_1, h_2라 하여 다음과 같은 투수계수 k를 구하는 식으로 표현할 수 있다.

$$k = \frac{Q}{2\pi a(h_2 - h_1)} log\frac{r_2}{r_1}$$

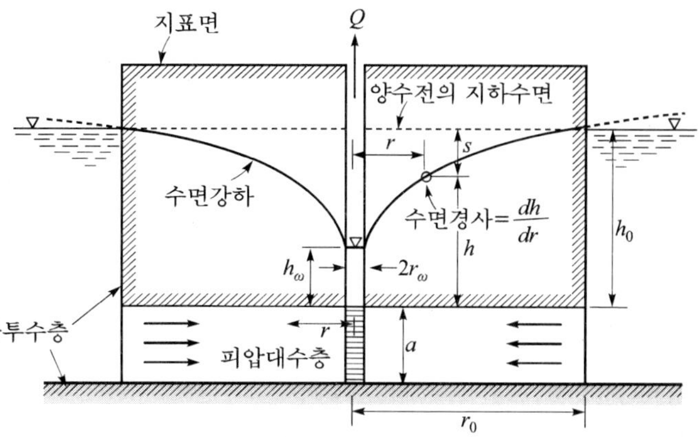

그림 1.18 굴착정

한편 전도계수 T는 투수계수 k에 대수층의 두께를 곱하여 구하므로 다음과 같이 표현된다.

$$T = \frac{Q}{2\pi(h_2 - h_1)} log \frac{r_2}{r_1}$$

(4) 집수암거

하천이나 호소의 바닥의 모래 또는 자갈과 같은 투수층에 구멍이 뚫린 관을 매설하여 복류수를 취수하는 방법을 집수암(매)거라고 한다. 집수암거는 대체로 철근 콘크리트로 만들어진 유공관거이며 관의 내경은 유지관리를 위하여 600mm이상으로 한다. 지형적으로 제내지나 사구 등에는 개거식 구조, 하상이나 제외지 등에는 터널식 구조를 사용하는데, 방향을 흐름방향에 직각으로 설치해야 한다.

이와 같이 우물에서의 취수를 정리하면 다음과 같다.

① 천정은 지표면 아래의 첫 번째 불투수층상부에 존재하는 지하수를 취수한다.
② 지하에 충분한 양의 물이 존재해야 한다.
③ 지질학적으로는 대체로 충적지대가 적당하다.
④ 지형 및 지질학적으로 현재 또는 과거의 하천부지, 삼각주, 사구 등이 적당한 장소이다.
⑤ 무기성 용해질이 풍부한 편이다.
⑥ 주로 경도가 높은 경수이다.

① 굴착정은 지표면 아래의 첫 번째와 두 번째 불투수층 사이의 대수층에 존재하는 지하수를 취수한다.
② 대체로 자연여과의 과정을 많이 받게되어 수질이 우수하다.
③ 외부의 온도변화에 큰 영향을 받지 않아 수온이 일정하다.
④ 지층에 존재하는 광물질(염소, 철분, 망간 등)을 포함하는 경우가 많다.
⑤ 이론적으로나 경험적으로 정확한 수량의 측정이 어렵다.

① 복류수는 하천이나 호소의 바닥 아래 모래 및 자갈층에 존재하는 물을 집수암(매)거 등을 이용하여 취수한다.
② 수질은 자정작용으로 하천수 등 지표수에 비하여 양호하다.

③ 지하수위가 높아야 한다.

④ 투수계수가 커야 한다.

⑤ 하상 및 유로의 변화가 가능한 한 없어야 한다.

⑥ 집수관의 깊이는 지하 3~5 m에서 10 m정도가 적당하다.

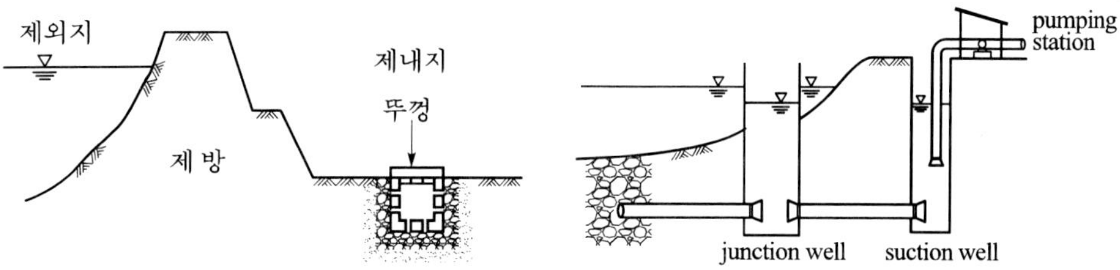

그림 1.19 집수매(암)거

실무예제 1.13

지방상수도로 사용되는 불투수층까지 미치는 남한강 지류하천 인근 집수암거에서의 용수량(湧水量) Q를 산정하시오.(단, 투수계수 k=0.009m/s)

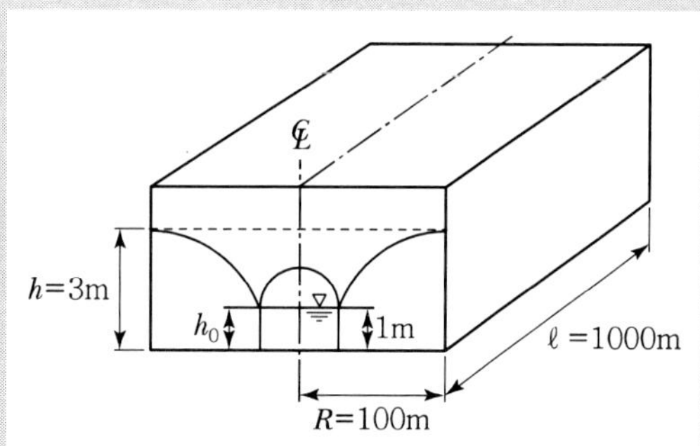

풀이

집수암거의 용수량

$$Q=\frac{Kl}{R}(h^2-h_0^2)=\frac{0.009\times 300}{100}(3.0^2-1^2)=0.72\text{m}^3/\text{s}$$

1.5.4 침사지

수원으로부터 취수된 물 속의 모래 등 불순물이 도수관내에서 침전되는 것을 방지하기 위하여 취수구 부근에 설치한다.

(1) 설치목적

상수원의 취수에서 침사지(grit chamber)의 설치는 취수펌프로 유입되기 이전에 한다.

그 목적을 정리하면 다음과 같다.

① 취수펌프의 보호
② 도수관거내의 모래 및 불순물의 침전방지
③ 침전지로 모래유입방지

(2) 구조

침사지의 모양은 대체로 장방형으로 하는데 유입부는 점차 확대되고 유출부는 점차 축소되는 형태이다. 침사지의 길이는 폭의 3~8배 정도이며 길이를 결정하는 식은 다음과 같다.

$$\ell = k\frac{h}{u}v$$

여기서, ℓ : 침사지 길이 k : 안전율
u : 모래의 침강속도 h : 유효수심
v : 침전지내 평균유속

침사지의 구조에서 침사지의 수는 가능한 한 2개 이상으로 한다. 침사지의 고수위는 계획취수량이 유입되기 좋게 취수하천의 최저수위 이하로 정한다. 침사지 상단의 높이는 침사지내 고수위보다 높아야하며 침사지내에 월류설비가 없을 경우에는 대체로 50~100cm, 월류설비가 있을 경우에는 약 30cm정도 높게 설치한다. 침사지의 유입 및 유출구에는 제수밸브나 수문(sluice gate)를 설치하여 유량을 조절한다. 이와 같은 침사지의 제원을 정리하면 다음과 같다.

표 1.10 침사지의 제원

구조	제원
형상	장방형, 길이는 폭의 3~8배
계획취수량	10~20분
유속	2~7 cm/sec
유효수심	3~4 m
바닥구배	0.5~1.0 m
여유고	종방향 1/1000, 횡방향 1/50

핵심용어 및 내용

1. 상수도의 체계

   수원 – 취수 – 도수 – 정수 – 송수 – 배수 – 급수

2. 계획년차(계획년한)의 결정

   상수도 시설기준상에는 15~20년을 계획년차의 기준으로 하고 있다.

3. 급수인구의 추정법

   (1) 등차급수법

   $$\mathbf{P_n = P_o + n\,a}$$

   $$a = \frac{P_o - P_t}{t}$$

   (2) 등비급수법(등비증가법)

   $$\mathbf{P_n = P_o(1+r)^n}$$

   $$r = \left(\frac{P_o}{P_t}\right)^{\frac{1}{t}} - 1$$

   (3) Logistic 곡선법(논리 곡선법)

   $$\mathbf{P_n = \frac{K}{1+e^{(a-bn)}}}$$

4. 급수량의 종류

   ① 급수 보급율 $= \dfrac{\textbf{급수인구}}{\textbf{총인구}} \times 100$

   ② (계획) 1일 평균급수량 $= \dfrac{\textbf{년간총 급수량}}{365\text{일}}$

   = (계획) 1인 1일 평균급수량 × (계획) 급수인구

   = (계획) 1일 최대급수량 × $\begin{cases}\mathbf{0.7}\ (\text{중소도시})\\ \mathbf{0.85}\ (\text{대도시, 공업도시})\end{cases}$

   ③ (계획) 1일 최대급수량 = (계획) 1인 1일 최대급수량 × 급수인구

   = (계획) 1일 평균급수량 × $\begin{cases}\mathbf{1.5}\ (\text{중소도시})\\ \mathbf{1.3}\ (\text{대도시, 공업도시})\end{cases}$

④ 시간 최대급수량 $= \dfrac{\textbf{1일 최대급수량}}{\textbf{24}} \times \begin{cases} \textbf{1.3} \text{ (대도시 및 공업도시)} \\ \textbf{1.5} \text{ (중소도시)} \\ \textbf{1.8} \text{ (농촌, 주택단지)} \end{cases}$

$$= \frac{\text{1일 평균급수량} \times 1.5}{24} \times \mathbf{1.5}$$

5. 수원(水源)의 종류

① 천수 : 강수에 의한 것.(비, 눈, 우박)
② 지표수 : 하천수, 호소수, 저수지수.
③ 지하수 : 천층수, 심층수, 용천수, 복류수.

6. 하천수의 취수시설

① 취수관(取水管, intake pipe)
② 취수탑(取水塔, intake tower)
③ 취수문(取水門, intake gate)
④ 취수틀
⑤ 취수언(取水堰)

7. 저수지 용량 결정방법(가정법(假定法)) : $\mathbf{C} = \dfrac{\mathbf{5{,}000}}{\sqrt{\mathbf{0.8\,R}}}$

8. 복류수(伏流水)의 취수시설 : 집수매거(Filter Garelly)

되짚어보기

1. 현재의 인구가 100,000명인 발전 가능성 있는 도시의 장래 급수량을 추정하기 위해 인구증가 현황을 조사하니 연평균 인구증가율이 6%이고 일정하였다. 이 도시의 20년 후 추정인구는?

2. 시간 최대 사용수량을 계획 사용수량으로 기준하여 결정되는 수도 구조물은 어느 것인가?

3. 상수도 저수지에서 대량 수도 시설로서 가장 많이 쓰이는 취수 방법은 (취수관, 취수탑, 취수문, 매설집수)중 어느 것인가?

4. 수원의 종류 중 오염도가 가장 크다고 생각되는 것은 (자유지하수, 천층수, 하천수, 복류수)중 어느 것인가?

5. 취수, 정수, 배수시설을 설계하는데 필요한 급수량은?

6. 일반적 상수도 시설계통은?

7. 저수지, 호수 등 정체된 수원에 대하여 설명하시오.

8. 어느 도시의 연평균 상수소비량은 330 l/인·일이다. Goodrich 공식에 의한 1인1일 월 최대 급수량은 얼마인가?

9. 지표수를 수원으로 한 일반적인 상수도 급수 계통도는?

10. (송수시설, 도수시설, 저수시설, 정수시설)중 1일 최대 급수량을 계획 급수량으로 하여 설계되지 않는 것은?

11. 수원에서 (천층수, 용천수, 심층수, 복류수)는 지표면에서 깊지 않은 곳에 위치함으로써 공기의 투과가 양호함으로 산화작용이 활발하게 진행된다.

12. 어느 도시의 장래 2010년의 인구 추정결과 95,000명으로 추산되었다. 계획년도의 1인 1일당 평균급수량을 4000ℓ, 급수보급률을 95%로 가정할 때 계획년도의 계획 1일 평균급수량은?

13. 다음은 상수도시설 계획 중에서 하천 표류수를 수원으로 하는 경우의 예정 취수지점에 대해서 장기적으로 조사되어야 할 사항은?

14. 상수도의 수원으로서 가장 널리 이용되는 것은(천층수, 하천수, 호수 및 저수지, 복류수)이다.

15. 송수시설의 계획 송수량은 계획 1일 최대급수량의 몇 %를 기준으로 하는가?

16. 계획급수인구 10만의 중소도시에 급수계획을 하고자 한다. 계획 1인 1일 최대 급수량이 350ℓ 이고, 급수보급율이 80%일 경우 계획 1일 최대 급수량은?

17. 하천의 수위변화가 클 때 좋은 수질의 원수를 선택적으로 취수하기 위해 일반적으로 사용되는 취수방법은 (취수관, 취수탑, 취수문, 집수정)에 의한 방법이다.

18. 다음 1일 최대급수량을 시설기준으로 하지 않는 것은 (도수시설, 배수시설, 정수시설, 취수시설)이다.

19. 상수도의 효과를 설명하시오.

20. 상수도의 구성(7단계)를 쓰고 간단하게 설명하시오.

CHAPTER

2

상수관로 시설 및 계획

Waterworks facilities

CHAPTER 2

상수관로 시설 및 계획

2.1 도수와 송수시설

· TIP

계획도수, 송수량, 상수관로시설 일반사항, 수로의 수리, 유속과 관련된 사항이 중요하다. 관로의 부속설비 중 관경, 매설깊이 등도 정리한다.

도수란 수원에서 취수한 물을 정수장까지 수송하는 것을 말하며, 이 수송로를 도수로라 한다. 송수는 정수장으로부터 정수된 물을 배수지까지 보내는 것을 말한다. 그러므로 도수나 송수는 기술적인면과 그 목적은 대체로 동일하나 도수는 원수의 수송으로 앞으로 정수처리가 될 물이므로 밀폐를 고려할 필요가 없으며 개거가 사용되기도 하지만, 송수는 정수된 물의 수송이므로 수질을 보호하기 위해 외부와의 차단이 필요하므로 관거의 사용을 원칙으로 하며 유속 또한 고려하여야 한다. 도수 시설의 계획급수량은 계획취수량을 기준으로 하는데, 장래의 확장에 대하여 수원의 취수량 증가를 보아 다음과 같은 경우에 장래 확장량을 고려하는 것이 좋다.

① 시공이 곤란한 장소(터널, 제방을 횡단하는 지역 등)
② 장래의 확장량을 구별하여 시공하는 것보다 동시에 시공하는 것이 공사비의 증가가 적은 장소
③ 용지의 확보가 곤란한 장소
④ 계획도수량은 계획취수량(=계획 1일 최대급수량×1.05~1.10)을 기준으로 한다.

송수시설의 계획송수량은 계획 1일 최대급수량을 기준으로 하는데, 정수장으로부터 배수지까지 누수 및 그 이외의 손실이 있는 경우에는 1일 최대급수량에 가산하는 경우도 있다.

2.1.1 도수 및 송수방식

도수 및 송수방식 즉, 수원에서 정수장을 거쳐 급수지역까지의 수로 방식은 노선의 시점과 종점간의 수위차와 노선의 지형에 따라 자연유하식 또는 가압식으로 구분된다. 송수관으로부터 배수관을 직접 분지시키는 것은 유지관리상 좋지 않으나, 부득이 분지시킬 때에는 계획 급수구역의 동수압도 고려하여 결정하여야 한다. 송수로는 수질오염을 방지하기 위하여 관수로로 함이 보통이나 수량이 많고 터널시공이 적당한 노선에서는 터널식 송수거를 사용함으로써 관로에 비하여 연장이 짧아지는 장점이 있다. 이 경우 터널 송수거 단면을 크게 하여 그것을 배수지로 겸용하는 경우도 있다.

(1) 자연유하식

물이 중력에 의해 구배에 따라 유하하므로 중력식이라고 하며, 펌프를 사용하지 않고 수원의 위치가 배수지보다 높을 경우에 사용 되는데 그 특징을 정리하면 다음과 같다.

① 유지관리가 안전하며, 확실하다.
② 동력이 필요 없으므로 유지비가 저렴하다.
③ 수로의 길이가 길어지는 경향을 보이며, 건설비가 많이 든다.
④ 급수구역을 자유로이 선택할 수가 없다.
⑤ 외부에 노출된 수로가 대부분이므로 오수의 침입우려가 있다.

(2) 가압식

펌프압송식이라고도 하며, 수원과 배수지의 시점수위가 종점수위보다 낮을 때 또는 표고차이가 거의 없을 경우에 사용하는데, 그 특징은 다음과 같다.

① 수원을 급수구역 가까운 곳에서 자유롭게 택할 수 있다.
② 도수로연장을 단축시켜 건설비를 절감할 수 있다.
③ 압송식 관수로이므로 외부로부터 오염될 우려가 없다.
④ 전력 등 유지관리비가 많이 든다.
⑤ 정전 등으로 인하여 도수의 안전성이 자연유하식보다 적다.
⑥ 수압으로 인한 누수의 우려가 있다.

자연유하식과 가압식의 장점 및 단점은 표 2.1에 비교 정리하였다.

표 2.1 자연유하식과 펌프압송식의 비교

자연유하식	펌프압송식(가압식)
① 도수·송수가 안전·확실함 ② 유지관리가 간편하고 관거점검이 용이하다. ③ 수로가 길어지면 건설비가 많이 듬 ④ 수원의 위치가 높고, 지형이 경사져 있고, 도수로가 길 때 적당 ⑤ 급수구역을 자유로이 선택할 수 없다. ⑥ 오염의 우려가 있다. ⑦ 평상시 수압과 수량조절이 불가능함	① 정전·펌프고장 등으로 인해 안정성·확실성은 낮음 ② 전력비 등 유지관리비가 높고, 수압으로 인한 누수우려 큼 ③ 도수로를 짧게 할 수 있어 건설비 절감 가능 ④ 수원을 급수구역에서 가까운 곳에서 자유로이 선택가능 ⑤ 지하수를 수원으로 하는 경우에 적당

2.1.2 관로 및 노선의 선정

관로 및 노선의 선정시 물이 최소한의 손실로 유송되고 노선도 경제적으로 공사비가 최소가 되도록 한다. 관로의 수평 및 연직방향의 급격한 굴곡은 손실수두를 크게 하고, 수압과 유속에 의해서 관로를 외측으로 밀어내는 작용을 하여 구조상의 약점이 되므로 피하여야 한다. 만약 관로의 동수구배선 위로 관로가 올라가면 관내압이 대기압보다 작게 되어 수중의 용해 공기가 분리되어 관로의 최상부에 모임으로써 통수를 방해하며, 관이음의 이완이나 관의 균열이 생기면 주위로부터 관내에 오수가 흡입되어 비위생적이므로 관로는 반드시 최소동수구배선 이하로 매설되도록 노선을 선정하여야한다. 선정된 관로가 최소동수구배선 위로 올라가는 경우에는 단일동수구배에 대한 관경에 비하여 상류측의 관경을 크게 하고, 하류측의 관경을 작게 함으로써 동수구배선을 올려야 한다. 이 경우 접합정을 설치하는 경우도 있으나, 접합정을 생략하고 관경변화에의하여 동수구배선을 조절함이 경제적이고 유지관리도 편리하다.

계획송수량은 계획 1일 최대급수량을 기준으로 산정하고, 도·송수거의 유속은 0.3 ~ 3.0m/s의 범위내로 유지한다. 관로의 결정에 고려해야할 사항들을 정리하면 다음과 같다.

① 원칙적으로 공공도로 또는 수도용지로 하여야 한다.

② 수평·수직의 급격한 굴곡을 피하고 어느 때라도 최소 동수경사선 이하가 되게 해야 한다. 만일, 동수경사선이 최소 동수경사선보다 상승함을 피하지 못할 경우는 그 지점부터 상류측의 관경을 크게하여 동수경사선을 상승시키고 하류측의 관경을 원계획보다 작

게하여 그 지점에 접합정을 설치하는 방법이 이용되나 실제에서는 접합정을 생략하는 편이 경제적이고 유지관리상 편리하다.

③ 펌프양수 연장이 길 경우 필요에 따라 관에 안전밸브 또는 조정탱크 등을 설치하여 수충(수격)작용에 대비해야 한다.

④ 사고의 경우를 고려하여 필요에 따라 관을 2조 부설하고 중요한 장소에 연결관을 설치해야 한다.

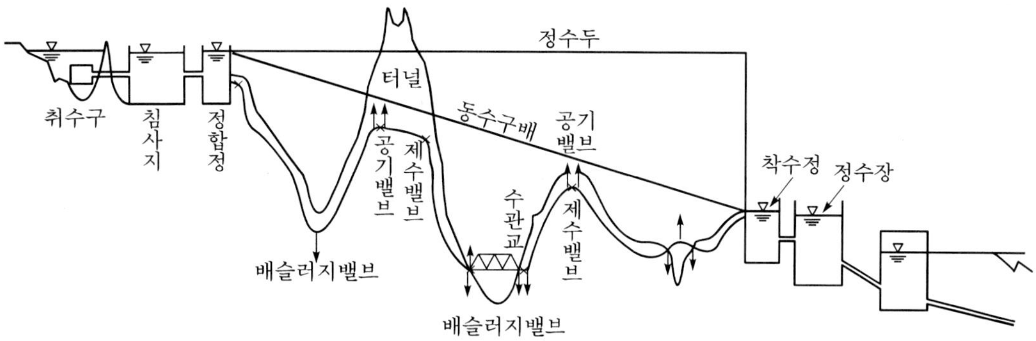

그림 2.1 상수도 도수관로

도수시설의 계획도수량은 계획취수량을 기준으로 하고, 송수시설의 계획송수량은 원칙적으로 계획 1일 최대급수량을 기준으로 한다. 송수방식의 선정에 있어서는 정수장과 배수지 사이의 표고차이, 계획송수량의 대소 및 노선의 입지조건 등에서 비교 검토하여 결정하여야 한다. 송수방식은 관수로를 원칙으로 하고 개수로로 할 경우는 터널 또는 수밀성의 암거로 해야 한다. 노선의 선정은 몇 개의 비교 노선을 후보로 선정한 후 건설비, 경상비, 안정성, 외부로부터의 오염 가능성 등을 비교 검토하여 최적의 노선을 선정한다. 노선 선정시 고려 사항은 다음과 같다.

① 물이 최소저항 즉 손실수두가 가장 적게 수송되도록 한다.
② 가능한 한 거리가 단축되어야 한다.
③ 관로의 일부에 비정상적인 수압을 받지 않아야 한다.
④ 수평·수직의 급격한 굴곡을 피해야 한다.
⑤ 가능한 공사비를 절약할 수 있는 위치이어야 한다.
⑥ 관로 중간 일정 거리마다 감압을 위한 접합정(junction well)을 설치해야 한다.
⑦ 개수로의 노선 선정은 관수로에 비해 곤란한 경우가 많으므로 신중하게 선정해야 한다.

⑧ 개수로에는 중간에 역사이폰, 교량, 터널 등과 같은 시설이 필요할 때가 많아 관수로를 일부 혼합하여 사용하는데, 거리를 단축시키기 위하여 이와 같은 시설들을 사용하기도 한다.

2.1.3 수로의 평균유속 및 평균유속 공식

물은 높은 곳에서 낮은 곳으로 흐르므로, 관내의 물은 압력이 높은 곳에선 낮은 곳으로 이동하게 된다. 이와 같이 연속적으로 운동하는 물의 상태를 흐름(flow)이라 한다. 임의 시간에 유적 내의 어느 점을 통과하는 물의 입자의 속도를 그 점에 있어서의 유속(velocity of flow)이라 하고 단위시간에 흐르는 거리로 나타낸다.

유적 내의 각 점의 유속은 동일하지 않고 종·횡단으로 변화하는데, 수로벽 부근에서는 마찰의 영향으로 작으며 중앙으로 갈수록 커진다. 이와 같이 각 점의 유속이 다르므로 유적 전반에 있어 평균한 유속을 그 단면의 평균유속이라 하며, 수리계산에는 이 평균유속이 사용된다. 또, 단위시간에 유적을 통과한 물의 체적을 유량(discharge, flowrate)이라 한다. 유속은 침전도, 세굴도 되지 않는 허용유속으로 결정해야 하며 각 경우에 따른 유속을 정리하면 다음과 같다.

① 도수와 송수관에 있어서 평균 유속의 최대 한도는 다음과 같다.
  ㉠ 벽면이 모르타르, 콘크리트, 구리(동), 철일 경우 : (3~6 m/s)
  ㉡ 평균 유속이 위의 값의 이상일 때 : 접합정 설치로 감속
② 도수와 송수관에서 평균 최소유속은 다음과 같다.

수로내 미세 입자의 침전방지 : 0.3 m/s

③ 도형의 특성으로 원형관과 미제형거에서의 유속은 수심이 81%일 때 최대이고, 유량은 수심이 93%일 때 최대이다.
④ 직사각형단면에서는 유속 및 유량이 모두 만수가 되기 직전에 최대이고 만수가 되면 유속 및 유량이 급격히 감소한다.

도·송수관의 평균유속 최대한도는 아래의 표와 같고 도수관의 평균유속 최소한도는 모래입자 등의 침전을 방지하기 위하여 0.3 m/s 이상으로 하는데, 다만, 송수관로에 있어서는 정수를 취급하므로 토사의 퇴적을 고려할 필요가 없으며, 평균유속의 최소한도를 정할 필요가 없다. 평균유속이 아래의 표 값을 초과할 경우에는 적당한 장소에 접합정이나 급하수

로를 설치하며, 0.3 m/s 이하일 경우에는 펌프의 사용을 고려해야 한다. 한편 표 2.2와 같이 관로내의 마모 방지 등의 사유로 최대유속 또한 정해진다.

표 2.2 도·송수관의 평균유속의 최대한도

관 내면	평균유속(m/s)
모르타르, 콘크리트 관	3.0
모르타르 라이닝 도장	5.0
강철, 주철, 경질염화비닐	6.0

수로의 경사(구배)는 취수시설의 최저수위와 정수시설 착수정의 최고수위와 표고차이를 노선의 연장으로 나누어 구하는데, 손실수두나 지형, 유속을 고려하여 대체로 1/1000 ~ 1/3000의 범위에서 결정한다.

개수로의 유속분포는 일정한 형상이 아니라 복잡하므로 한 대표적인 값을 택해야 할 때가 많다. 임의 단면에 대한 대표적인 유속으로 평균유속이 있으며, 이것에 단면적을 곱하는 연속방정식으로 개수로의 유량을 구한다. 평균유속을 구하는 공식은 여러 연구자들에 의하여 제안되었으나, 이를 대별하면 Chézy의 공식형과 지수공식형이 있다. 이들 공식은 개수로의 평균유속만이 아니라 관수로의 평균유속을 구하는 데도 사용된다.

(1) Manning 공식

$$V = \frac{1}{n} \cdot R^{2/3} \cdot I^{1/2}$$

여기서, V : 평균유속(m/s) I : 동수경사

n : 조도계수 R : 경심($R = \frac{A}{P}$)

A : 수로 단면적 P : 윤변

표 2.3 조도계수 n값

재 료	n의 범위	평균값
강관 또는 주철관	0.014~0.018	0.016
철근콘크리트관 또는 콘크리트거(渠)	0.013~0.015	0.014
석면 시멘트관	0.012~0.014	0.013
원심력 철근콘크리트관(흄관)	0.011~0.014	0.0135
놋쇠관, 유리관	0.01~0.012	0.015

(2) Ganguillet-Kutter 공식

$$V = \left(\frac{23 + \frac{1}{n} + \frac{0.00155}{I}}{1 + \left(23 + \frac{0.00155}{I}\right)\frac{n}{\sqrt{R}}} \right)\sqrt{RI} \quad (I < 1/1,000\text{일 경우})$$

여기서, V : 평균유속(m/s)　　I : 동수경사
n : 조도계수　　R : 경심

(3) Hazen-Williams 공식

$$V = 0.35464\ CD^{0.63}I^{0.54}$$

$$V = 0.84935\ CR^{0.63}I^{0.54}$$

$$Q = AV = 0.27853\ CD^{2.63}\ I^{0.53}$$

$$D = 1.6258C^{-0.38}\ Q^{0.38}\ I^{-0.205}$$

$$I = 10.666C^{-1.85}D^{-4.87}Q^{1.85}$$

여기서, V : 평균유속(m/s)　　Q : 유량(m^3/s)
C : 유속계수　　I : 동수경사
D : 관의 내경(m)　　R : 경심(m)=$D/4$(원관)

표 2.4 Hazen-Williams 계수 C값

관의 재료	C값
새 주철관	130
5년 사용된 주철관	120
20년 사용된 주철관	100
20년 사용된 강관	100
PS콘크리트관	130
경질 염화비닐관	130
원심력 철근콘크리트관	150

(4) Chezy 공식

$$V = C\sqrt{RI}$$

(5) Forchheimer 공식

$$V = \frac{1}{n_f} R^{0.6} I^{0.5}$$

실무예제 2.1

배수지로부터 급수되는 수도관을 꽉 채워서 흐를 경우 조도계수 n=0.01, 동수경사 I=0.001, 관경 D=5.08m일 때 유량은? (단, Manning 공식을 적용할 것)

풀이

$$Q = \frac{\pi \times 5.08^2}{4} \frac{1}{0.01} \times \left(\frac{5.08}{4}\right)^{2/3} \times \sqrt{0.001} = 75.16 \text{ m}^3/\text{s}$$

(6) 손실수두(head loss)

관수로에 물이 흐를 때 생기는 손실수두를 그 성인에 의하여 대별하면 다음과 같다.

① 물이 관 내를 흐를 때 관 내면의 마찰에 의한 경우.

② 물이 관에 유입할 때 축류 발생시.

③ 관수로의 방향이 변할 경우.

④ 관의 단면적이 변할 경우.

⑤ 관내에 설치된 밸브 등의 장애물에 의한 것.

⑥ 관수로의 말단에서 운동에너지를 소실하는 경우 등.

손실수두의 대부분은 마찰에 의한 것이므로 마찰손실을 대손실(major loss)이라 하고 마찰 이외의 손실을 무시하는 경우가 많은데, 마찰 이외의 손실을 소손실(minor loss)이라고 한다.

① 입구손실수두(소손실) $h_e = f_e \frac{V^2}{2g}$

② 출구손실수두(소손실) $h_0 = f_0 \frac{V^2}{2g}$

③ 마찰손실수두(대손실) $h_l = f \frac{l}{D} \cdot \frac{V^2}{2g}$

마찰손실수두는 실험으로부터 다음과 같은 사실을 알 수 있다.

① 관수로의 길이 l에 정비례한다.
② 관의 내면 조도 f에 정비례한다.
③ 레이놀즈(Reynolds)수에 반비례한다.
④ 관내의 유속 V의 자승에 비례한다.
⑤ 관의 직경 d에 반비례한다.
⑥ 관내의 수압의 대소와는 무관하다.
⑦ 물의 점성에 비례한다.

실무예제 2.2

A시의 급수관 내경 200mm의 관내에 60ℓ /sec의 유량이 흐르고 있다. 관의 길이가 50m일 때 Manning 공식을 사용하여 마찰손실수두를 계산하면? (단, n=0.012)

풀이

$$V = \frac{4Q}{\pi D^2} = \frac{4 \times 60 \times 10^{-3}}{\pi \times 0.2^2} = 1.91\text{m/s}$$

$$\therefore h_L = \frac{124.5 \times 0.012^2}{0.2^{1/3}} \times \frac{50}{0.2} \times \frac{1.91^2}{19.6} = 1.43\text{ m}$$

(7) 유량산정

유체 입자가 연속적으로 운동하는 것을 흐름(flow)이라 하고, 흐름의 속도를 유속(Velocity)이라 하며 V로 표시한다. 이와 같은 흐름 방향과 직교되는 횡단면적을 유수단면적(cross sectional area) A라 하는데 이를 통과하는 단위시간당의 유체의 체적을 유량(discharge, flow rate) Q라고 한다. 이때, 유량은 질량보존의 법칙으로부터 유도되는 연속방정식으로 산정하며 그 식은 다음과 같다.

$$Q = A \times V$$

2.1.4 관두께의 결정

(1) 관내 수압에 의한 관두께 결정

원관 내에 수압이 작용하면 관벽에는 수압이 외측을 향하여 작용하므로 인장응력이 생기며 원관 내에 작용하는 전수압은 곡면에 작용하는 경우와 같이 하여 구할 수 있다. 원관에 작용하는 수압은 모든 방향에 대하여 같은 크기로 작용하고, 관내의 수압강도를 P, 전수압의 수평분력을 p, 직경을 D, 관의 길이를 l이라 하고 관 단면의 인장력을 T라 할때 수평으로 x축을 취하면 전수압의 x방향의 분력은 pDl이다. 그리고 관단면은 상하 두 곳이므로 인장력 T와의 관계는 다음과 같다.

$$2T = P = pDl$$

$$T = \sigma_{ta} tl$$

$$2\sigma_{ta}\, tl = pDl$$

$$t = \frac{pD}{2\sigma_{ta}}$$

여기서, t : 관체 두께(mm) D : 관 외경(mm)
p : 관내 수압(kg/cm^2) σ_{ta} : 강관의 허용응력(kg/cm^2)

(2) 외압에 의한 관두께 결정

강관 매설 후 되메우기, 토압 및 통과차량에 의한 압력으로 관 내 도장을 손상시키지 않게 하기 위하여 코르타르에나멜 도복장 강관인 경우에는 이들 중량에 의한 관체변형이 관경의 3~5% 미만이어야 하고 시멘트모르타르 동장인 경우 관경의 2%이내이어야 하는데, 이 경우 관체에 작용하는 토압은 Marston식으로 산정하며, 통과차량에 의한 작용하중에는 50%의 충격하중을 고려해야 한다.

2.1.5 관의 종류

상수도 시설에서 관은 취수, 도수, 송수, 배수, 급수 등 물의 수송에 필수적인 것으로서 송배수관로, 연락관로로 널리 상용되는 것은 주철관, 철관이다. 도수, 송수, 배수관은 주로 주철관, 프리스트레스 콘크리트(PSC)관, 강관, 석면시멘트관, 원심력 철근콘크리트관(흄관), 경질염화비닐관을 사용하는데, 이들은 내압 및 외압에 견딜 수 있어야 한다. 급수관으로는 대체로 연관, 동관이 사용된다. 도수관에 주로 사용되는 개거나 암거에는 콘크리트 또는 철근콘크리트가 사용되는데, 관의 종류별 특징을 정리하면 다음과 같다.

(1) 원심력 철근 콘크리트관

관의 축을 중심으로 고속 회전시켜 노즐의 선단으로부터 그 내면에 모르타르를 일정한 두께가 될 때까지 분사시켜 만들며, 다른 이름으로는 흄(Hume)관이라고도 부른다. 이관은 외압에 강하지만 내압에는 비교적 약하므로 대개 개수로 외에는 사용하지 않는데, 내압에 견디도록 철근량을 더하는 경우도 있다. 흄관의 가장 큰 단점은 이음에 있으며 주로 칼라(collar)이음을 하는데 수밀성 등의 문제로 수압이 없거나, 약한 경우에 사용한다.

(2) 프리스트레스트 콘크리트(Pre-Stress Concrete ; PSC)관

철근콘크리트에 피아노 강선을 이용하여 설계수압에 대응하는 장력을 가한 관으로, 관에 압축응력이 미리 가해져 있으므로 수압이 작용할 경우에 장력이 압축응력과 상쇄된다. 그러므로 관에는 인장응력이 발생하지 않게 되고, 상당히 높은 수압에서도 견딜 수 있게 된다. 관의 접속은 원심력 철근 콘크리트관과 같이 칼라이음을 한다.

(3) 주철관

주철관에는 고급주철관(cast iron pipe), 덕타일주철관(ductile cast iron pipe), 모르타르 라이닝 주철관(mortar lining cast iron pipe)이 있다. 주철관은 강도가 크고 내부식성이 좋으므로 상수도에 많이 사용되고 있으나, 주철은 강관에 비하여 충격에 약하므로 관의 두께를 두껍게 해야 하기 때문에 중량이 상당히 나가게 된다.

(4) 주철 이형관

주철은 이형관을 제작하기 쉬우므로 직관과 직관 사이 또는 직관과 제수변 등과의 사이에 설치하는 관으로 상당히 많은 종류가 있다. 예를 들면 90°곡관, 45°곡관, 분기 또는 합류시키기 위한 T자관, 양단의 구경이 다른 편락관, 한 끝은 플런지(plunge)로 다른 끝은 소켓(socket) 또는 콘센트로 되어 있는 단관, 신축관, 공기밸브용 T자관 등이 있다. 모든 이형관은 한쪽 끝이 소켓, 다른 끝이 콘센트로 되어 관의 이음은 기계적 이음에 의한다.

(5) 강관

강관(steel pipe)에는 전기용접 강관, 단접 강관, 스파이럴 강관, 모르타르 라이닝 강관 등이 있다. 강관은 인장강도가 매우 높고, 전성이 강하므로 관의 두께를 얇게 할 수 있는데 부식에 약하므로 충분히 도장해야 하며, 관의 접속은 일반적으로 용접에 의한다.

(6) 석면 시멘트관

석면 시멘트관(asbesto cement pipe)은 석면섬유와 시멘트미분의 규사에 물을 적당한 비율로 혼합하여 회전시킨 후 혼합액의 얇은 층을 부착시켜, 그 얇은 층을 회전하는 중심관에 필요한 두께가 될 때가지 감은 후 중심관을 뽑아서 양생한다. 재질은 중량이 가볍고, 균등 치밀하여 내압에 대해서 강하며, 이음작업이 간단하며, 절대로 부식하지 않고, 전기 부도체, 관벽이 매끄러워 흐름의 저항이 적지만, 외압과 특히 충격에 약한 것이 문제이다. 관의 접속에는 기볼트 이음매가 이용된다.

(7) 경질 염화비닐관

경질 염화비닐관(polyvinyl chloride pipe, PVC)은 산, 알칼리 등에 전혀 부식되지 않고 가볍고 가공도 쉽지만, 열이나 자외선에는 약하다. 접속은 소켓 나사 또는 TS이음을 이용한다.

표 2.5 관의 종류 및 장 · 단점

관의 종류	이음방법	장점	단점
주철관(鑄鐵管) (Cast iron pipe)	Mechanical flange	① 내식성(耐蝕性)이 있다. ② 압축강도가 크다. ③ 절단가공이 쉽다. ④ 이형관의 제작이 용이하다.	① 충격에 약하다. ② 중량이 무겁다. ③ 토질이 부식성이 큰 경우 외면방식(外面防蝕)이 필요하다.
덕타일 주철관 (Ductile cast iron pipe)	Mechanical flange	① 강도가 커서 강성(剛性) 이나 내충격성(耐衝衝擊性)이 높다. ② 내식성(耐蝕性)이 크다. ③ 절단가공이 쉽다. ④ 이음방법이 많아 시공성이 높다.	① 중량이 비교적 무겁다. ② 이음부의 이탈에 대비해 이형관 방호시공(異形管防護施工)이 필요하다.
강관(鋼管) (Steel pipe)	소켓 flange	① 내식성(耐蝕性)이 크다. ② 관내면이 매끈하여 손실 수두가 작고 경년(經年) 변화가 없다. ③ 내압(內壓)에 비교적 강하다. ④ 절단이 쉽다. ⑤ 값이 싸다.	① 부식에 약하다. ② 처짐이 크다. ③ 현장용접인 경우 숙련공이 필요하다.

PVC관 (Polyvinyl chloride pipe)	Socket 칼라	① 내식성(耐蝕性)이 크다. ② 중량이 가볍다. ③ 접착에 의해 간단히 결합한다. ④ 내면이 매끈하고 손실수두가 작고 경년(經年) 변화가 없다. ⑤ 값이 싸다.	① 저온시(低溫時)에 강도가 저하 한다. ② 열이나 유기용제, 자외선에 약하다. ③ 온도에 따라 신축이 크다.
흄관 (Hume pipe)	칼라	① 내압력(耐壓力)이 낮다. ② 대관경인 경우 값이 싸다. ③ 현장에서의 시공성이 좋다.	① 중량이 무겁다. ② 충격 등 외력에 약하다.
프리스트레스트 콘크리트관	칼라 Socket	① 내압력(耐壓力)이 낮다. ② 대관경인 경우 값이 싸다.	① 중량이 무겁다. ② 충격 등 외력에 약하다.

2.1.6 관거 단면에 따른 장점 및 단점

자유수면을 갖고 중력에 의하여 흐르는 수로를 개수로라고 하며, 그 중에 인공적으로 만든 것을 개거라 하는데, 개거의 상부를 뚜껑으로 덮어 지하에 매설되어 있는 것을 암거라 한다. 개거는 상수도에서는 널리 사용되지 않고 있는데, 일광을 받아 조류가 발생번식 하는 경우, 증발에 의한 수량손실, 동절기에 동결의 우려 등으로 도수로에서의 사용은 어느 정도 가능하나 송수로에서의 사용은 허용되지 않고 있다. 수리학상 유리한 단면은 단면적에 대한 윤변이 최소인 단면 또는 경심이 최대인 단면형이며, 건설비를 고려하면 사다리꼴 단면보단 구형 단면이 좋은 경우가 많다.

표 2.6 관거 단면에 따른 장·단점

구분	장 점	단 점
원형	① 수리학적으로 유리 ② 공장제품을 사용함으로써 공사기간을 단축할 수 있다. ③ 역학계산이 간단	① 안전한 지지를 위해 모래기초 외에 별도로 기초공을 필요 ② 공장제품이므로 연결부가 많아져 지 하수의 침투량이 많아짐
직사각형	① 시공 장소의 토피 및 폭원에 제한을 받는 경우에 유리 ② 공장제품을 사용가능 ③ 역학계산이 간단 ④ 만류직전까지 수리학적으로 유리	① 철근이 해를 받을 경우 상부하중에 대하여 불안 ② 현장타설의 경우에는 공사기간이 지연

2.1.7 신축이음

수로나 강관의 신축이음 설치의 목적은 온도변화에 따른 관로의 신축에 대비하기 위함이고, 특히 우리나라와 같이 여름과 겨울의 온도차이가 큰 경우(약 50℃)에는 신축이음이 필수적이다. 관의 노출부는 매설부보다 온도변화의 정도가 크고 주변 흙과의 사이에 마찰도 없으므로 관의 신축이 커지기 때문에 관이음은 신축성이 있는 경우를 제외하고는 신축이음을 20~30m 간격마다 설치하여야 한다. 수로의 신축이음을 정리하면 다음과 같다.

(1) 개거나 암거에 관내수온 및 외부기온 등을 고려하여 10~20m 간격으로 시공이음을 겸한 신축이음을 두어야 한다.
(2) 지질이 변하는 장소 또는 연약한 곳, 접합정, 수로교, 양수 위어, 맨홀, 수문 등의 구조물의 전, 후인 접속부에는 부등침하가 발생하기 쉬우므로 유연성이 큰 완전신축이음을 두어야 한다.

신축이음의 재질은 충분한 수밀성이 있고 신축에 대하여 그 기능을 충분히 발휘할 수 있는 것이어야 하며 다음과 같은 재질이 있다.

① 고무 신축이음
② 플라스틱 신축이음
③ 기타 아스팔트(asphalt), 모르타르(mortar) 등이 사용되며, 동판이나 방수지 등이 부속설비로 추가되는 경우도 있다.

강관의 경우 용접에 의한 강관부설에서는 이음부 신축의 자유가 전혀 없으므로 굴곡부의 게이트밸브(gate valve), T자관이나 최후의 접합장소, 직선부라도 100m마다 신축이음을 설치하는 것이 안전하며, 대체로 개수로의 경우 10~20m 간격으로, 관수로의 경우 20~30m 간격으로 설치한다. 강관의 신축이음 사례는 아래의 그림과 같이 트래서형, 테레스코프형, 빅터릭크 크로자 A형 및 B형, 벨로우즈형이 있다.

2.1.8 관의 접합

상수도 시설에서 가장 문제가 되는 누수는 정성을 들여 처리한 정수가 헛되이 없어지는 것이므로, 수도사업의 경영상 큰 문제일 뿐만 아니라 수자원의 효율적인 이용이라는 점에서도 문제가 된다. 또한 누수 되는 곳은 단수시에 부압이 발생하여 역으로 오수가 침입되어 위생상 중대한 문제가 되며, 배수관의 통수능력도 누수량만큼 더 필요하게 되므로 배수관의 용량을 크게 해야 한다. 누수를 감소시키면 그 만큼의 수량을 확장공사에 의하여 증량시킨 것과 동일한 효과를 나타낸다. 누수가 발생하는 장소는 관의 접합부나 관과 기구의 접속부가 대부분이지만 그 외에 관 내 수압의 변동, 토층 운동, 노화, 파손, 파열, 부식 등 관 자체의 결함이 원인이 되는 것도 많이 있다. 관의 접합방법을 정리하면 다음과 같다.

(1) 소켓접합

소켓접합(socket and spigot joint)은 매우 오래 전부터 사용되어 왔으며, 관에 승구와 삽구를 넣어서 그 간격에 마사를 깊이 1/3에 다져서 채우고 나머지 2/3에 납을 녹여 넣는다. 수밀성은 주로 마사에 의하여 유지되며, 납은 마사의 유출을 막는 작용과 수밀성 유지의 작용을 한다. 이를 정리하면 다음과 같다.

① 철근 콘크리트관, PVC관 등의 접합에 이용되고 있는 접합이다.
② 지진 등의 횡방향력에 강하나 교통하중에 의한 진동이 심한 연약지반에서는 접합이 느슨해져 누수가 생기기 쉽다.

(2) 메카니컬 접합

메카니컬 접합(mechanical joint)은 소켓접합이 개량된 것으로 수밀은 고무링에 의한다. 최근 재료의 발달로 잘 노화 및 부식되지 않는 양질의 고무가 사용되어 시공이 간편하므로 널리 보급되어 소켓접합 대신에 많이 사용한다. 신축성이 있는 이 접합은 지진이나 교통 등의 하중에 견딜 수 있으나, 굴곡부에서는 소켓접합에 비하여 이탈되기 쉬우므로 주의해야 한다.

(3) 플랜지 접합

플랜지(flange)접합은 게이트 밸브(gate valve), 공기밸브, 펌프 둘레의 배관과 같은 특수장소에 설치한다. 관의 착탈이 용이한 반면에 신축성이 없어 지진에 약한 단점이 있다.

(4) 칼라 접합

주로 흄관의 접합에 사용되고 있는데, 수밀성이 부족하고 하중 재하 시 접합부분의 균열 등의 문제가 된다.

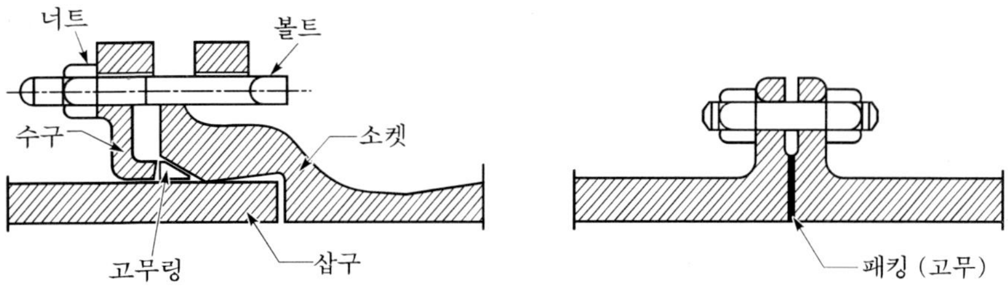

그림 2.2 미케니컬 접합(좌) 및 플랜지접합(우)

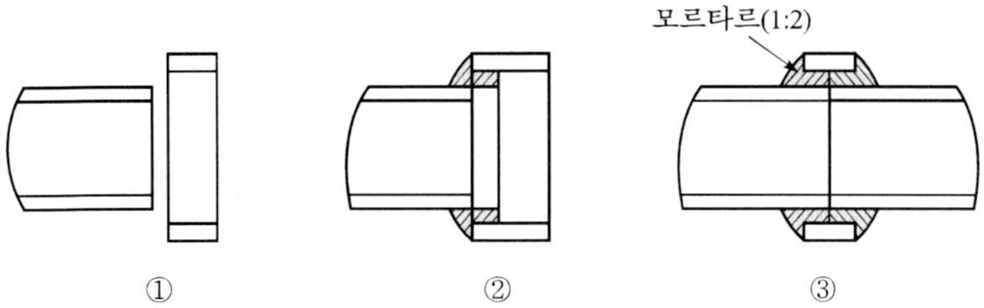

그림 2.3 칼라 접합

2.1.9 도수 및 송수 관로의 부대설비

도·송수관 이외에 관의 안전, 유지관리, 경제적인 운영과 그 기능을 원활히 하기 위하여 부대설비를 해야 하는데 이에는 다음과 같은 여러 종류가 있다.

(1) 침사지

도수관거는 원수를 수송하므로 유입되는 토사류 및 기타 부유물을 침전시켜서 이를 제거하기 위하여 도수관거 입구에 침사지(grit chamber)를 설치해야 하며 그 구조는 앞장의 취수 편에서 설명되었다.

(2) 밸브 종류

① **제수밸브**(gate valve)

사고시의 통수, 배수, 충수 작업을 빠르게 하며, 유지관리상의 필요에 따라 도수관의 시점, 종점, 분기점, 연락관, 역사이폰, 이토장소, 궤도횡단, 교량 등의 전후 부근에 설치하거나 또는 직선길이 1~3km 간격마다 설치한다. 즉, 도·송수관의 시점, 종점, 분지개소, 연결관, 중요한 니토관에는 원칙적으로 설치해야 하며, 중요한 역사이폰부, 교각 등 사고를 일으킬 우려가 크고 복구가 곤란하다고 생각되는 장소에는 그 전후에 설치해야 한다. 또한 수압이 높은 장소로서 관경이 400mm 이상의 제수밸브에는 부제수밸브를 설치하여 천천히 열리고 천천히 닫기에 하여야 한다.

② **니토밸브**(blow-off valve)

관내 또는 관저에 퇴적된 퇴적물을 배출, 관내의 청소, 정체수 배제를 위해 관로의 제일 하부 또는 요(凹)부에 설치한다.

③ **공기밸브**(air valve)

공기밸브는 관로에 수중의 공기가 유리되어 고이는 것을 방지하기 위함과 관의 굴곡부에 공기가 체류하여 유체의 흐름에 방해를 주는 것을 방지하고, 배수시 관 밖으로부터 공기를 관내로 흡인시키기 위한 것으로 관로의 제일 상부에 설치한다. 즉, 관로의 돌출부에 설치하나 제수밸브의 중간에 돌출부가 없는 경우에는 높은 쪽의 제수밸브 바로 밑에 설치하며, 관경 400mm 이상의 관에는 반드시 두 개 구멍인 공기밸브를 설치한다. 한편 매설관에 설치하는 공기밸브에는 공기밸브실을 설치하여야 하며, 공기밸브 주위의 지하수위가 높을 때는 지하수가 역류하지 못하도록 필요한 높이의 관을 이어서 높게 하여야 한다.

④ **역지밸브**(check valve, no return valve, reflux valve)

관의 파열로 대량의 물이 역류하는 장소에 설치하는데, 예를 들어 고지 배수지로 연결된 송수관의 말단부, 긴 상향 구배의 시점, 펌프 유출관의 시점 등에 역류방지용으로 설치한다.

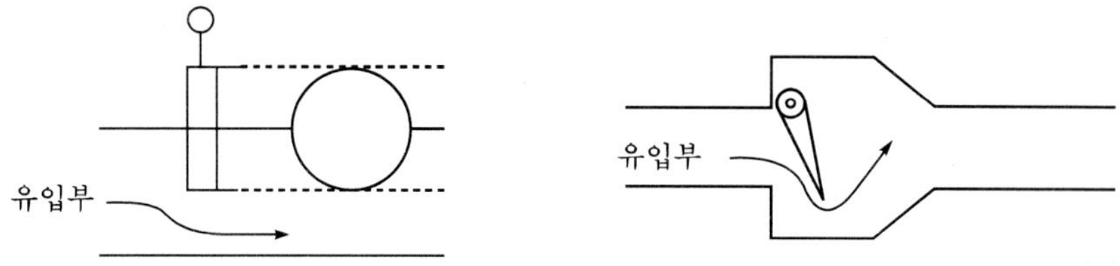

그림 2.4 제수밸브(좌) 및 역지밸브(우)

(3) 양수정(gauging well)

송수량을 측정하기 위하여 송수관로의 시점과 종점에 설치하여 유량을 비교하므로 고장, 누수를 발견할 수 있으며, 시점과 종점의 거리가 짧은 곳에는 한 곳에만 설치한다. 양수정의 형상은 장방형으로 하고 양수위어(weir)를 설치하여 월류관(overflow pipe), 배수관

(drain pipe) 등을 설치한다.

(4) 수로교

수도 전용교에 가설할 경우 또는 수도관 자체를 교행으로 해서 하천을 횡단하는 경우와 수로가 계곡이나 하천을 횡단시에 교량을 가설하고 그 상부구조를 수로로 하는 경우가 있다.

(5) 접합정(junction well, 연결정)

자연유하에 의한 관로에 설치되며, 관로에서 수두를 높이고 수압을 높여 두 곳 이상의 수로에서 온 물을 모아서 하나의 수로로 도수할 경우에 그 접합부에 설치하는 시설이다. 압력수로에 설치하는 경우는 수로가 동수경사선에 가까워져 압력이 낮아진 곳에 설치한다. 또한 도·송수관의 접합정은 주로 관로의 수압을 경감하게 위해 설치한다. 도수관의 노선선정에 있어서 관로의 수평 및 연직방향의 급격한 굴곡은 손실수두를 크게 하므로 피한다. 관로는 반드시 최소 동수경사선 아래로 매설되도록 한다. 접합정의 구조는 원형, 사각형의 콘크리트 또는 철근콘크리트로 하여 뚜껑을 설치하며, 유입속도가 클 경우 저류벽을 설치하여 유속을 감소시킨 후 유입관으로 유입되게 하는 구조로 한다.

(6) 사이폰(syphon)

2개의 수조를 연결한 관수로의 일부가 동수경사선보다 위에 있는 관수로를 말하며, 동수경사선 위의 관 내 압력은 부(−)압이다.

(7) 역사이폰관(inverted syphon)

수로가 하천, 도로, 철도 등의 아래를 횡단할 때는 역사이폰관을 설치하며, 관내 유속은 상류유속보다 하류유속을 크게 하여 관내 부유물의 침전을 피한다. 계곡이나 하천을 횡단하기 위해 설치하는 역사이폰관의 수리계산은 일반 관수로와 동일하며, 최하단에는 압력이 상당히 크게 되어 설계시 주의해야 한다.

(8) 관수로에서 흐름의 특성

① 수격작용(water hammer)

관수로에 물이 흐를 때 밸브를 갑자기 막으면 순간적으로 유속은 0이 되고 이로 인해 압력증가가 생기며, 이는 관내를 일정한 전파속도로 왕복하면서 충격을 주는데, 이를 수격작용이라 한다.

② 서어징(surging)

밸브의 급작스런 개폐에 의한 수격작용을 완화하기 위해 압력수로과 압력관 사이에 자유수면을 가진 조절수조(surge tank)를 설치하여 관로를 일시적으로 폐쇄하면 압력파가 서어지 탱크 내로 유입되어 수원과 탱크 사이의 물이 진동하며 탱크의 수면이 상승한다. 이러한 진동현상을 서어징이라 한다.

③ 공동현상(cavitation)

유수 중에 국부적으로 저압부분이 발생하여 압력이 증기압 상태가 되면 물 속에 있던 공기가 분리되어 공기 덩어리가 발생하는 현상이다. 대체로 고체의 굴곡부에서 고속의 흐름시 발생한다.

④ 피팅현상(pitting)

공동현상으로 공기덩어리의 발생과 소멸이 연속적으로 일어나면서 순간적으로 이 공기 덩어리가 압괘하면서 고체면에 강한 충격을 주는 작용을 피팅(pitting)이라 하는데, 철재와 콘크리트 등의 표면이 피팅으로 침식되는 경우가 많다.

2.1.10 도수 및 송수관의 매설

도수관 및 송수관의 매설에는 도로 관리자와의 협정이 없을 경우와 공공도로 이외에 관을 매설할 경우는 매설깊이를 관경 900mm 이하는 1.2m이상, 관경 1000mm 이상은 1.5m 이상으로 하여야 하며, 노면하중을 고려해야 할 위치에 대규모 관을 부설할 경우에는 매설깊이가 관경보다 작지 않게 하여야 한다. 또한 한랭지에서 관의 매설깊이는 동결심도보다 깊게 하여야 한다. 관의 매설에 고려해야할 사항들을 정리하면 다음과 같다.

① 단면은 수리학적으로 유리할 것.
② 하중에 대하여 견고할 것.(도로 하중의 크기, 차량에 의한 윤하중)
③ 시공비가 저렴할 것.
④ 유지관리가 용이할 것.
⑤ 시공 장소 상황에 적합할 것.
⑥ 수압
⑦ 동결깊이
⑧ 지하수위의 부상

도수관은 주로 전용노선이나 공공도로에 개삭공법에 의하여 동결심보다 깊이 매설되는데, 지반, 지형, 지층 등을 사전 검토하여 관종의 선정을 신중히 함과 동시에 적절한 기초공, 이형관 방호공 등을 시행해야 한다. 또 하천, 궤도 및 주요도로 등을 횡단하거나, 지형적으로 최소 동수경사선 위로 올라가는 산악, 구릉 등을 횡단할 경우에는 수로교의 가설, 추진공법, 터널공법 또는 shield공법 등 비개삭공법을 사용하게 되는데, 대체로 개삭에 의한 매설에 비하여 3~4배의 공사비용이 소요된다. 비개삭공법은 사고발생시 복구가 곤란하므로 되도록 최단거리로 횡단하도록 설계시의 배려가 필요하며, 연장, 지질, 지형, 재해에 대한 안정성 및 공사비 등을 종합적으로 고려하여 채택할 구조와 공법을 결정한다.

일반적으로 배수관 매설 깊이는 교통하중 및 진동의 영향을 고려하여 깊게 할 필요가 있으며, 이를 정리하면 다음과 같다.

- ø 350mm 이하의 관 : 1.0m
- ø 300~900mm 의 관 : 1.2m
- ø 1000mm 이상의 관 : 1.5m

한랭지에서는 동결심도 이하로 매설할 필요가 있으나, 매설깊이가 너무 크면 공사비가 증대하고, 급수관의 장치나 유지관리에 불편한 단점이 발생한다. 배수관을 다른 지하매설물과 교차 또는 인접하여 부설할 경우에는 구조물의 침하 등에 의한 집중하중이 작용하여 배수관을 파손할 우려가 있기 때문에, 적어도 20cm 이상의 간격을 유지한다.

2.1.11 관경의 산정

(1) 관경을 선정할 경우에는 최저 동수경사를 기준으로 계획유량이 충분히 흐를 수 있어야 하며, 부식이 진행되면서 관경이 감소하기 때문에 수송능력의 저하를 고려해야 한다.

(2) 관경은 다음과 같이 연속방정식으로부터 산정된다.

$$Q = A \cdot V \text{ 에서 } A = \frac{Q}{V} = \frac{\pi D^2}{4}$$

$$\therefore\ D = \left(\frac{4 \cdot Q}{\pi \cdot V}\right)^{0.5}$$

2.1.12 수밀성시험(수압시험)

(1) 관로공사가 끝나면 시공의 양부를 알기 위하여 실시하는 시험이며 일정압력을 24시간 유지시키며 누수량을 측정한다.

(2) 압력은 설계사용수압, 누수량 허용치는 관경 1cm, 연장 1km에 대하여 석면 시멘트관, 주철관, 강철관에서 50~100 L/d 정도이다.

(3) 누수량 산출공식은 다음과 같다.

$$L = \frac{N D \sqrt{P}}{3,290}$$

여기서, L : 허용누수량(L/hr),
N : 관 이음수
D : 관 내경(mm)
P : 시험수압강도(kg/cm^2)

2.2 배수시설

• TIP
계획 배수량, 배수지의 용량, 배수시설의 배치, 배수관망 설계 등이 중요하다. 배수지의 유효용량, 배수관의 동수압, 유속, Hardy Cross법 등도 정리한다.

배수란 넓은 의미로는 정수를 급수구역 내의 모든 수요자에게 분배하는 것이며, 좁은 의미로는 임의의 급수구역 내에 설치된 배수관에 소요수압으로 필요한 수량을 보내는 것을 말하는데, 배수관에서 수도사용자의 급수전까지를 급수장치라고 한다.

배수시설은 음용에 적합한 정수를 대상으로 하므로 외부로부터 오염되지 않도록 해야 하며, 필요한 수량을 적절한 수압으로 시간적인 변화에 별다른 지장이 없이 공급할 수 있어야 한다. 배수시설은 배수관의 총연장이 매우 길기 때문에 상수도 시설비의 60~70%를 차지하고 있어 그 계획 및 설계는 매우 신중하게 검토되어야 한다. 배수시설은 주로 공공도로 아래에 부설된 배수관까지 필요한 수량을 보낸다.

2.2.1 배수방식 및 배수지

배수에서 그 방식은 자연유하식(gravity system)과 펌프직송식(direct pumping system)이 있는데, 자연유하식은 물을 수원에서 배수지까지 중력을 이용한 자연유하로 보내는 방법과 펌프로 양수하여 보내는 방법을 병용하여 수송하며, 펌프직송식은 펌프를 항상 가동하여 배수관의 수압을 유지시키는 방식으로 동력을 정지하면 바로 단수가 되고 펌프운동의 변화에 따라 수격작용이 일어나 배수관의 이음을 이완시킬 우려가 있다. 그러므로 펌프직송식은 전원을 2계통으로 하든지, 예비동력원을 두어 배수의 안정성을 기할 필요가 있다. 그러나 화재시는 양정이 높은 소화용 펌프로 바꾸어서 수압을 높일 수 있으며 야간과 같이 급수량이 적을 경우에는 수압을 낮출 수 있다. 배수구역내의 배수방식에서 자연유하식은 고지대에 배수지를 설치하면 배수에 필요항 수두를 항상 유지할 수 있으므로 펌프직송식과 같은 동력이 필요하지 않아 단수에 대한 우려나 누수의 우려가 적어진다. 그러므로 배수방식에서 배수지를 설치하는 것이 여러 면에서 이점이 있다. 또한 상기의 자연유하시과 펌프압송식을 병용하는 병용식이 적용되는 경우도 있다. 배수지의 설치에는 다음과 같은 사항을 고려해야 한다.

① 배수지는 2곳 이상으로 수리, 점검, 청소시에 배수에 지장이 없게 한다.
② 배수지의 유입구와 유출구 배치는 배수지 내의 물이 정체되지 않도록 유출관구의 중심이 저수위에서 관경의 2배 이상 낮게 설치한다.
③ 유입관, 유출관에는 밸브를 장치하고 그 선단에는 나팔형인 벨마우스(bell mouth)를 설치한다.
④ 배수지의 용적 및 유입량을 고려하여 월류관을 설치하며 환기장치, 맨홀, 검수공을 설치한다.
⑤ 배수관 내의 최소동수압인 1.5kg/cm^{2}가 확보될 수 있도록 배수지와 급수구역 내의 배수관까지의 높이가 50~60m의 수두를 얻을 수 있는 높은 곳에 축조하는 것이 좋다.

2.2.2 배수조절 및 배수지의 위치

1일 최대급수량을 기준으로 한 취수에서 정수까지는 그 수량이 항상 일정하지만, 상수의 사용수량은 시간에 따라 변화하므로 배수지에서 이를 조절한다. 예를 들어 야간에 사용수량이 적어 남는 잉여수를 배수지에 저수하고 사용수량이 많은 주간이나 화재와 같은 비상시에 사용한다. 이와 같이 배수지는 배수지의 하류측 사용수량을 조절하고, 상류측의 고장 등으로 인한 단수를 예방할 수 있으나, 수질면에서 다소 침전작용이 발생한다.

배수지의 위치는 가능한 한 급수구역 내나 이와 인접한 장소에 설치해야 한다. 배수구역은 지반의 고저에 따라 고지구역 배수와 저지구역 배수로 구분되는데 급수구역 내의 지반높이가 30m 이상의 표고차가 있는 경우에는 동일 배수구로 하면 균등한 배수가 어렵고 수압이 매우 높은 곳이 생겨서 누수가 많아진다. 그리고 저지구역 배수양수에서 불필요한 동력의 낭비를 가져오므로 가급적이면 급수구역을 구분하여 배수하는 것이 이상적이다. 배수지의 위치는 급수구역 중심에 설치하는 것이 이상적으로 수압을 전체적으로 고르게 조절할 수 있으며 배수관의 관경을 작게 하는 장점이 있다. 또한, 배수본관의 말단 고지대에 배수지를 설치하여 야간에는 배수본관을 통과하여 배수지의 물이 저수되고 주간에는 배수지에서 반대로 배수본관에 유출하는 방식이 있는데, 이 경우에는 급수량이 계획급수량 이상으로 많아지면 배수지에 저수되지 않고 도중에는 소비되므로 적절한 방법이 되지 못한다. 대체로 배수지를 급수구역 바로 앞에 설치하기도 한다. 배수지에 연결된 배수관은 시간최대급수량을 기준으로 설계하며 송수관은 1일 최대급수량이 기준이 된다. 배수지는 급수구역에 인접한 표고 30~50m의 고지대에 설치하는 것이 이상적이며 이러한 고지대가 없는 경우에는 배수탑을 이용하여 수두를 높이거나 펌프직송식으로 해야 한다. 배수지의 높이는 최소 1.5kg/cm^2(물기둥의 높이 15m)의 동수압을 유지할 수 있게 계획해야 하는데, 아래의 그림에서 배수지로부터 가장 먼 거리의 최소동수압 H_3과 급수구역 내 고지대의 최소동수압 H_2가 1.5kg/cm^{2}를 유지할 수 있어야 한다. 한편, H_1은 최대수두이며 관의 허용 최대수두보다 작은 관을 사용해야 수압으로 인한 파손을 방지할 수 있다. 배수지의 위치와 높이는 다음과 같이 정리된다.

㉮ 급수구역과 가깝고 적당한 수두를 얻을 수 있는 배수(급수)구역 중앙에 위치하여 관말에서의 압력이 최소동수압 이상 유지할 수 있는 높이로 만들어야 한다.

㉯ 배수지에서 배수는 자연유하식을 원칙으로 하며 대용량 배수지를 설치하는 것 보다 다수의 배수지를 분산시키는 편이 안정급수 관점에서 효과적이다.

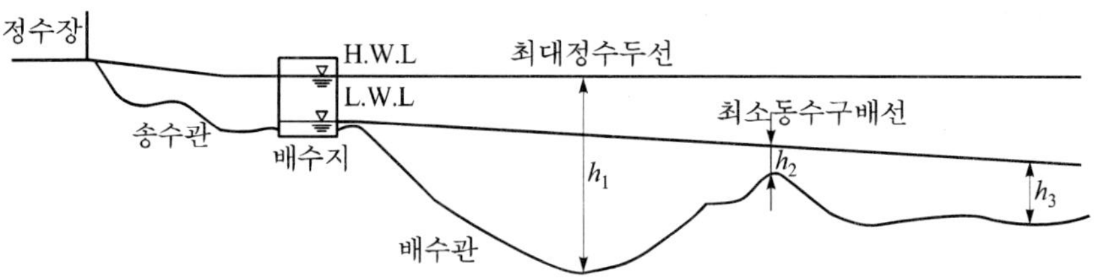

그림 2.5 배수지 높이와 배수관의 최소동수압

2.2.3 배수지의 용량

배수지의 용량은 주간의 시간변화와 화재시의 소화용수에 충족할 수 있게 그 용량을 결정해야 한다. 또한, 배수지의 용량은 종래의 수도실적에 의하면, 평균 시간급수량을 초과하는 수량은 5~6시간정도의 분량이며, 여기에 소화용수 등의 여유를 두어 8~12시간 정도의 분량(표준유효용량)이면 충분하지만, 최저 6시간의 분량(최소유효용량)이 필요하다. 실제 설계에서는 다음과 같이 계획 1일 최대급수량을 기준으로 용량을 산정한다.

$$C = A \times \frac{t}{24}$$

여기서, C : 배수지 유효용량(m^3)

A : 계획 1일 최대급수량(m^3/day)

t : 배수지 내의 저수시간수(hr.)

배수지의 유효용량이 작을수록 저수시키는 시간을 크게 해야 하는데, 이는 급수량의 시간에 따른 변화가 크고 소화용수의 일반급수량에 대한 비율이 커지기 때문이다. 배수지 용량에 인구별로 정해진 소화용수량(인구가 5만명 미만일 때 배수지 유효용량에 소화용수량을 더하고, 5만명 이상일 때는 소화용수량을 별도로 고려하지 않는다.)을 더한다.

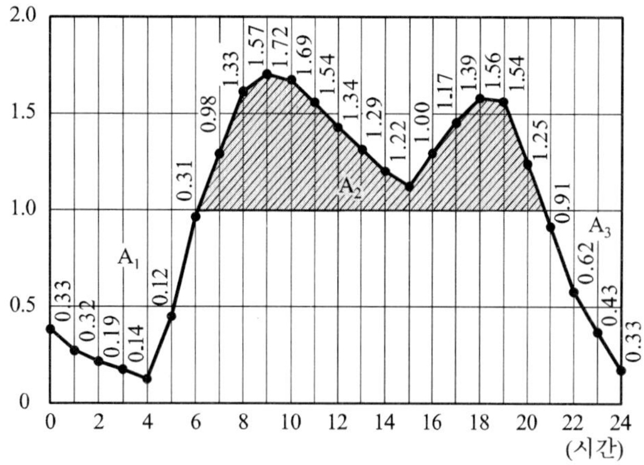

그림 2.6 배수의 시간적 변화 사례

표 2.7 배수지 용량에 가산할 인구별 소화용수량

인구(명)	소화용수량(m^3)
5,000 이하	50
10,000 이하	100
20,000 이하	200
30,000 이하	300
40,000 이하	350
50,000 이하	400

2.2.4 배수지의 구조

배수지의 구조는 철근콘크리트, PS콘크리트, 강철로 본구조를 이루며, 측벽은 수심이 얕은 경우 옹벽식, 수심이 깊은 경우 부벽식이나 라멘식으로 하고, 대체로 복개배수지로 하여 우수 및 각종 오염물의 침입을 방지할 수 있게 한다. 대부분의 배수지는 반지하식으로 하지만, 완전한 지상식으로 설치하여 토공비용을 절감하기도 한다. 추운 지방에서는 동결 및 수온보존을 위하여 지하식으로 설치한 후 30~60cm정도를 복토하기도 한다.

배수지의 수심은 보통 3~4m이며 너무 수심을 깊게 하면 수밀성이 감소하며 누수가 발생할 수도 있으므로, 양질의 콘크리트로 시공을 한 후에 방수모르타르, 아스팔트 방수공 등을 한다. 철근콘크리트로 시공할 경우 20m 간격으로 신축이음을 설치하고, 복개배수지인 경우 슬라브에 1/100~1/300정도의 경사를 두어 배수가 잘되게 하여 우수의 침입을 방지한다.

2.2.5 배수탑

배수탑의 계획용량은 유효수위 이상의 사용량으로 설계하며, 높이는 직경의 1.5~3.0배 정도이고 수심은 약 20m정도가 한계이다. 수심이 크므로 수밀성을 주의하여 두께 3mm정도의 철판을 콘크리트 속에 넣는 경우도 있으며 기초는 지반의 침하가 생기지 않을 정도의 지지면적이 필요하다. 유입관과 유출관은 하나의 관을 저부에 설치하여 같이 사용하고 월류관 및 배수관은 배수지와 같이 설치한다.

배수탑을 설치할 경우에는 다음과 같은 사항을 고려해야 한다.

① 급수구역과 배수시설간의 적당한 고저차가 없을 경우.
② 어느 정도의 수두 유지와 배수조절을 필요로 할 경우.
③ 배수지에 비하여 상대적으로 단위용적당 건설비가 고가이므로 큰 용량을 계획하기는 곤란하다.
④ 펌프직송식에 비하면 펌프운전을 경제적으로 할 수 있고 수격작용도 방지할 수 있으며 소화용으로도 효과적이다.
⑤ 급수구역이 크고 배수관로의 말단부에서 관망계산상 수압의 유지가 곤란한 지역에 대하여 배수탑이나 고가수조를 계획하여 설치한다.
⑥ 용량 : 계획 1일 최대급수량의 3~4시간분(표준용량)
⑦ 유효수심 : 5~20m 사용

2.2.6 기압탱크

소규모 수도인 경우 배수탑이나 고가탱크 대신에 지상에 기압탱크를 설치하여 배수를 조절한다. 기압탱크는 소규모 자가용 우물펌프에도 채택되고 있으며 기압탱크의 자동장치에 의하여 압력이 어떤 값으로 저하하면 펌프가 운전하고 소정의 압력에 이르면 정지되도록 되어 있으며 공기는 에어콤프레서(air compresser)에 의하여 보급된다.

2.2.7 고가수조(elevated tank)

고가수조 또는 고가탱크(elevated tank)는 소요저수위가 높을 경우에는 배수탑보다 유리하며 구조로는 철근콘크리트, PS콘크리트, 강구조 등이 있다. 수심은 3~6m로 높이와 직경의 관계는 소형일 경우에는 높이를 직경과 같이 하든지 조금 크게 하고, 대형일 경우에는 높이를 작게 하는 것이 외관상 및 경제적으로 이상적이다. 강구조인 경우는 바닥을 반구형이나 회전타원체로 하는 것이 역학적으로 유리하며 이 경우 탱크와 지관은 매우 주의해서 연결해야 한다. 고가수조의 용량은 계획 1일 최대급수량의 1~3시간분량(표준), 최소한 계획 1일 최대급수량의 1시간분량으로 한다.

2.2.8 배수관망 및 관망수리계산

급수구역 내의 공공도로 아래에 부설된 배수관 배치에는 배수관이 그물과 같이 연결된 격자식과 서로 연결되어 있지 않은 수지식이 있다. 이들을 배수관망(pipe net work)이라 한다. 배수관망에서 격자식은 송수관이나 도수관 같은 단일관로의 수리학적 해석과는 다른 단위 폐합관로로 구성되어 있으므로 그 계산은 매우 복잡하다. 배수관망의 수리학적 해석은 관경, 유속계수, 관망의 유입량과 유출량에서 각 관로의 유량과 손실수두를 계산하는 것이다. 그 결과에서 각 지점의 동수두의 충분여부와 관경의 직경여부를 확정하는 것이다. 관망계산에서는 먼저 각 지점의 유출 소요수량을 가정하고 관경을 가정하여 수리계산에 준비한다. 격자식과 수지식의 장점 및 단점은 다음과 같다.

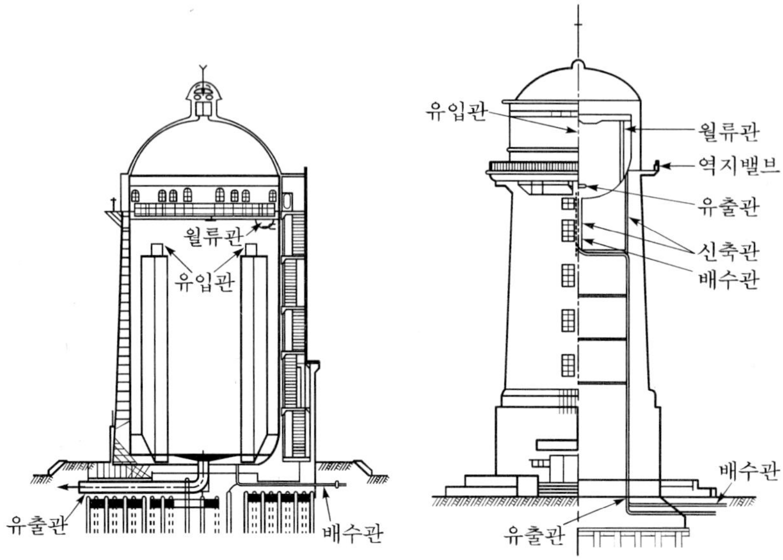

그림 2.7 배수탑(좌)과 고가탱크(우)

(1) 격자식(grid iron system)

격자식의 장점은 다음과 같다.

① 배수관이 격자형으로 배치되어 서로 연결되어 있다.
② 물의 정체가 없다.
③ 수압유지가 용이하며, 화재시 유리하다.
④ 널리 사용된다.

격자식의 단점으로는 배수관망 계산이 복잡하다는 것이다.

(2) 수지식(branching system)

수지식의 장점은 다음과 같다.

① 설계하기가 쉽다.
② 배수관망 계산이 간단하다.
③ 농촌이나 지형상 부득이한 곳에 사용한다.

수지식의 단점은 다음과 같다.

① 물의 정체현상이 발생한다.
② 수압보완이 불가능하다.
③ 수압저하가 뚜렷하다.

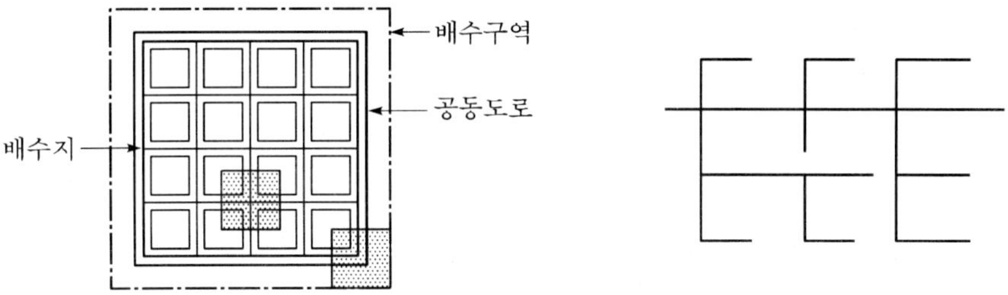

그림 2.8 격자식(좌)과 수지상식(우)

표 2.8 격자식과 수지상식의 비교

구 분	장 점	단 점
격자식	① 물이 정체하지 않음 ② 수압의 유지가 용이함 ③ 단수시 대상지역이 좁아짐	① 관망의 수리계산이 복잡하고 계산량도 많다. ② 건설비가 많이 소요되며 관의 부설비가 많이 듬 ③ 시공이 어렵다.
수지상식	① 관망의 수리계산이 간단하고 정확함. ② 제수밸브가 적게 설치됨 ③ 시공이 용이함 ④ 화재시 등 사용량 변화에 대처가 용이함	① 수량의 상호보충이 불가능 ② 관 말단에 물이 정체되어 냄새, 맛, 적수 등의 원인이 되므로 가끔 소화전을 열어 방류하여야 함 ③ 사고시 단수구간이 크다

한편, 수도급수관과 같이 다수의 분지관, 합류관, 곡관 등이 합하여 하나의 계통을 이루는 관수로의 관망계산에서 관망이 간단한 경우에는 등치관법에 의하여 계산이 되지만, 관망이 대단히 복잡한 경우에는 등치관법으로 계산이 불가능하므로, 하디크로스(Hardy Cross)의 근사해법을 사용한다.

(1) 등치관법(等値管法, the equivlent pipe method)

① 등치관법은 Hardy Cross법에 의하여 관망을 설계하기 전에 복잡한 관망을 좀더 간단한 관망으로 골격화시키기 위한 예비작업에 적용하는 방법이다.

② 관 내부에 일정한 유량이 흐를 때 생기는 수두손실이 대치된 관에서 생기는 수두손실이 같으면서 관의 직경이 다른 관을 등치관이라고 한다.

③ 따라서 한관의 등치관은 무수히 있을 수 있으며, 등치관법의 수리학적 이론은 다음과 같다.

먼저 직경이D_1인 관을 직경D_2인 등치관으로 바꾸는 경우 Hazen-William 공식으로부터 다음과 같이 정리된다.

$$Q_1 = K\ C\ C_1^{2.63} h_1^{0.54} L_1^{-0.54},\ Q_2 = K\ C\ D_2^{2.63} h_2^{0.54} L_2^{-0.54}\ \text{이고}$$

$$Q_1 = Q_2,\ h_1 = h_2\ \text{이므로}\ \frac{Q_1}{Q_2} = 1 = \left(\frac{D_1}{D_2}\right)^{2.63}\left(\frac{L_2}{L_1}\right)^{0.54}\ \text{이다.}$$

$$\therefore\ \mathbf{L_2 = L_1\left(\frac{D_2}{D_1}\right)^{4.87}}$$

실무예제 2.3

지름이 30cm이고 길이가 650m인 관을 20cm의 등치관으로 바꾸는데 필요한 관의 길이는 약 얼마인가? (단, Hazen-Williams식을 적용)

풀이

$$L_2 = L_1\left(\frac{D_2}{D_1}\right)^{4.87} = 650 \times \left(\frac{0.2}{0.3}\right)^{4.87} = 90.2\text{m}$$

(2) Hardy – Cross법

관망이 복잡한 격자식 관망의 해석이 적합한 경우에 사용하며 이 방법을 통하여 유량과 수두손실, 보정유량을 정확하게 계산할 수 있다. 처음에 적절히 배수관망의 형상을 배치하고 관망을 구성하는 내경, 연장 및 관의 조도가 주어진 것이라 하고 또한 관망으로 유입하고 유출하는 유량이 주어진 것이라 하여 각관의 유량과 수두손실을 구하는 것이다. 이 방법의 기본 가정은 다음과 같다.

① 각 분기점 또는 합류점에 유입하는 유량은 그 지점에 정지하고 않고 전부 유출한다.

$$\Sigma\ Q_{in} = \Sigma\ Q_{out}$$

② 각 폐합관에 대한 손실수두의 합은 0이다.

$$\Sigma \mathrm{h_L} = 0$$

③ $h_1 = f\dfrac{l}{D}\cdot\dfrac{V^2}{2g}$ 인 관마찰손실수두(대손실) 외의 소손실은 무시한다.

하디크로스방법은 $Q_0 = Q_1$(가정유량)$\pm\Delta Q$(보정유량)에 대하여 각 관이 손실수두를 계산하여 폐합관에 대한 $\Sigma h_1 \fallingdotseq 0$이 되도록 반복계산(시산법)하는 근사해법이다.

2.2.9 배수관 재료선정

관(pipe)의 사용목적은 유동매체를 수송하거나 압력을 전달할 뿐만 아니라, 관내외면에서 열교환 및 구조물의 보강용으로 사용된다. 관의 재료로는 철, 동, 황동, 구리, 납, 알루미늄, 유리, 고무 또는 여러 가지의 합성수지제품을 사용하고 있다. 그러므로, 각종 재료를 재료로한 관은 그 재료에 따라 다른 특성을 지니게 되므로 관종류를 선택할 때에는 다음과 같은 사항을 충분히 검토한 후 선정하여야 한다.

① 배수관은 연장이 길고, 포장도로 아래에 부설되어 장래 교체시에 막대한 공사비가 소요되므로 내구성이 있고, 부식처리가 된 것을 선택한다. 예를 들어 철관은 모르타르를 입힌 것이 좋다.
② 배수관에는 급수장치를 설치하므로 분수전에 드는 비용도 고려하고 관비용의 경제적 비교도 해야 한다. 관 두께가 얇으면 분수전 부착이 곤란하며 비용의 원인이 되고 누수의 원인이 되므로 시공에 주의를 해야 한다.
③ 이음은 굴곡성을 갖게 하는 것이 진동 및 지진에 안전하다.
④ 부설되는 토질에 따라서 황산염 환원균에 의해 금속관이 침식되거나, 석면 시멘트관의 알칼리분이 소실되는 일이 있다.

배수관의 종류는 송수관과 동일하며 공장에서 제작한 제품을 사용하는 것이 보통이므로 관의 특성을 파악하여 적재적소에 배치하여야 할 것이다. 배수관의 종류에 따른 장점 및 단점을 정리하면 다음과 같다.

2.2.10 배수관 부설

(1) 부설공사

배수관은 시가지의 공공도로 아래에 부설하는 경우가 대부분이므로 공사시에 도로를 관리하는 담당자와 충분한 협의를 해야한다. 대체로 도로 폭이 20m이상인 간선도로에서는 한쪽에 배수관을 설치하고, 다른 쪽에는 배수관에서 분기한 급수용보조관을 설치하는 2본관식으로 시공하는데, 이 방식은 보수공사시에 교통소통에 큰 지장을 주지 않고 포장도로를 들어내지 않으며 급수관이 짧아져서 누수량을 감소시킨다. 배수관의 직경이 500mm이상인 대관경은 평행한 배수지관을 부설하여 급수장치나 소화전이 배수분관에 부착되지 않게 한다. 배관공사는 구미의 수도 이상으로 엄격하게 해야만 하므로 다음과 같은 사항을 엄수해야 한다.

① 사용하는 재료나 기구에 내구성이 있고, 위생적이며 충분히 수압에 견딜 수 있는 것으로 한다.
② 누수 발견이나 수리가 용이하도록 급수관을 배치한다. 즉, 건물의 기초나 콘크리트 아래에 급수관을 설치하는 것을 피한다.
③ 한 계통의 급수장치공사를 마쳤을 때에는 반드시 수압시험($17.5kg/cm^2$)을 하여 합격한 후에 배수관에 접속시킬 것이며, 이 시험에서 급수장치의 재료와 기구의 내구성의 양부가 판명된다.
④ 배관기록을 보존하여 누수방지작업 및 보수작업에 이용한다.

(2) 관로의 부속설비

배수관은 관만으로 구성된 것이 아니고 여러 종류의 밸브 및 소화전 등이 적절하게 설치되어있다. 관로의 부속설비를 정리하면 다음과 같다.

표 2.9 배수관 종류에 따른 장점 및 단점

종류	장점	단점
주철관	• 내식성이 크다 • 강도가 크다	• 충격에 약하다 • 중량이 크다
덕타일 주철관	• 강도와 인성이 크다 • 충격에 강하다 • 가공성이 양호하다 • 중량이 비교적 작다.	• 대구경관이 휘기 쉽다 • 부식에 약하다

종류	장점	단점
석면 시멘트관	• 내식성, 내전식성이 크다 • 가볍다 • 시공성이 양호하다 • 저렴하다	• 충격에 약하다 • 수질, 토질에 따라 부서지기 쉽다.
경질 염화비닐관	• 내식성, 내전식성이 크다 • 가볍다 • 시공성이 양호하다 • 저렴하다	• 강도가 작다 • 충격에 약하다 • 유기용제, 열, 자외선에 약하다
콘크리트관	• 부식에 강하다 • 저렴하다	• 강도가 작다 • 인장력, 충격에 약하다 • 무겁다 • 시공성이 좋지 않다.

① 제수밸브

배수관은 관의 파손, 누수, 공사, 관의 세척, 배수, 분기공사 등으로 단수해야할 경우가 많은 한편 배수의 원활함을 위한 수압조정이 필요하기도 하다. 제수밸브의 위치는 관망에서 가능한 한 소수의 밸브조작으로 단수구역을 작게 하도록 배치해야 하는데, 대체로 배수관 분기점에 2개, 교차점마다 3개를 설치한다. 또한, 중요한 시설인 역사이폰, 교량, 철도 등의 횡단 전후, 계통이 다른 배수관의 연결관에는 반드시 설치해야 하며, 이외에도 500~1000m간격으로 설치한다.

② 공기밸브

배수관중에 지관은 공기밸브를 설치할 필요가 없는 경우가 많으나 배수본관에는 관로의 凸부, 교량부 등에는 반드시 설치해야한다.

공기밸브는 수면의 상승 및 하강에 따라 움직이는 공 모양의 부표(float)밸브를 내부에 설치한 밸브이다.

③ 안전밸브

수격작용이 발생하기 쉬운 곳에는 안전밸브를 설치하여 배수관의 파손을 방지하는 것으로 배수펌프, 증압펌프의 출구 또는 장거리를 급격한 구배로 관로를 설치한 곳에 밸브를 설치한다.

④ 소화전

소화전은 소화용 이외에 임시적인 공기밸브로도 사용할 수 있으며 도로의 분기점, 교차점 부근 등 소방활동에 편리한 지점과 도로중에 연도의 건물상황에 따라 100~200m간격으로 소화전을 설치한다. 소화전 구경은 65mm를 표준으로 한다.

2.2.11 배수관 매립 위치 및 심도

① 배수관의 매립위치는 다음과 같다.
  ㉮ 배수본관 : 도로중앙에 매립한다.
  ㉯ 배수지관 : 도로 양측에 다른 지하매설물과 30cm 이상 간격 유지한다.
② 매설깊이는 보도아래 90cm 정도(동결심도 이하)로 한다.
③ 위험한 접속인 교차연결(Cross Connection)을 피한다.
④ 누수량 보정 공식은 다음과 같다.

$$Q = \sqrt{\frac{P}{P_o}}\, Q_o$$

여기서, Q : 관내압력 P kg/cm^{2}일 때의 누수량,
Q_o : 관내압력 P_o kg/cm^{2}일 때의 누수량

2.3 급수시설

급수란 공공도로에 부설된 배수지관으로부터 분기되어 수요자까지 물을 공급하는 것을 말하며, 공공도로 부지에 매설된 연결관과 수요자 부지에 매설된 급수관으로 구별된다.

급수의 대상은 대단위 건축물에서부터 가정에 이르기까지 그 양상이 다양하며 급수시설은 다른 상수도시설과 다르게 시설비가 수요자 부담이라는 점과 말단에서 하수도와 접촉하고 있는 수세변기와 같은 특별한 기구가 설치되므로 수도에 오염을 가져올 경우도 많다. 이러한 이유로 소도시 수도는 예외이지만 중도시 이상의 수도에서는 급수관을 보안상 배수본관에 직접 연결해서는 안되며 급수공사는 사설 하수도와 합하여 실내 위생공사라 하여 다른 전문분야를 이루고 있다. 보통 가정의 급수전은 직경이 13mm가 널리 이용되며 이는 20~30ℓ/min을 급수하고 있다.

2.3.1 급수시설의 기준

급수시설은 상수의 소비자가 직접 다루게 되므로 다음과 같은 기준에 의하여 설치한다.

① 배수관에서 분수하기 위해 설치하는 관의 위치는 다른 급수장치의 취부구로부터 30cm 이상 떨어져야 한다.
② 배수관에 붙이는 급수관의 지름은 당해 급수장치에 의한 물의 사용량에 비해 현저하게 과대하지 말아야 한다.
③ 배수관의 수압에 영향을 미칠 우려가 있는 펌프에 직접 연결되어 있지 않아야 한다.
④ 수압, 토압 기타의 하중에 대하여 충분한 내력을 가져야 한다.
⑤ 물의 오염 또는 누수가 될 우려가 없게 해야한다.
⑥ 동결, 파괴, 침식 등을 방지하기 위하여 적당한 조치를 해야한다.
⑦ 해당 급수장치 이외의 수도관 및 이외의 설비에 연결되어 있지 않아야 한다.
⑧ 수조, pool, 유수 등의 물을 유입 또는 시설 등에 급수하는 급수장치에 있어서는 물을 역류 방지할 수 있는 적당한 장치가 되어야 한다.

2.3.2 급수방식

급수방식에는 배수관의 수압과 급수하는 장소의 높이에 따라 직결식과 탱크식 급수법이 있는데, 탱크식에는 고치탱크식과 기압탱크식 급수법이 있다.

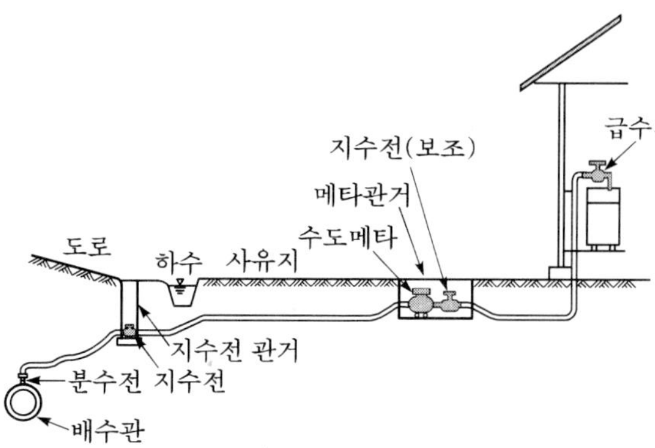

그림 2.9 급수시설의 표준도

(1) 직결식 급수법

배수관 내의 수압이 사용수량에 대하여 충분히 확보된 경우에 사용하는 방법으로 배수관에서 분기된 급수관을 수요자까지 곧바로 공급하는 배수관의 수압으로 급수하는 방식이며, 대체로 3층 정도의 높이까지 공급이 된다. 직결식의 특성은 다음과 같다.

① 소규모 저층(대체로 3층이하) 건물에 사용한다.
② 일반 가정주택에 많이 사용한다.
③ 배수관으로부터 직접 공급되므로 수압조절이 불가능하다.

(2) 탱크식 급수방식

배수관의 수압이 부족하거나 수압은 충분해도 배수관의 내경이 작아서 급수량이 부족한 경우에 주로 사용하는 방식으로 고층건물에 주로 사용된다. 탱크식의 특성을 정리하면 다음과 같다.

① 배수관의 수압이 소요수압에 비해 부족한 경우에 사용한다.
② 대형건물과 같이 일시에 많은 양의 물이 필요한 곳에 사용한다.
③ 배수관의 수압변동에 영향을 받지 않고 항상 일정한 수량을 원할 경우에 사용한다.
④ 배수관의 단수시에도 일정량의 급수량을 확보해야 할 경우에 사용한다.

(3) 고치탱크식 급수법

배수관으로부터 저장탱크에 물을 받은 뒤 다시 펌프로 옥상의 고치탱크에 양수한 후 자연유하로 각 층에 물을 공급하는 방식이다.

① 배수관 내 수압이 작을 경우에 적합한 방법이다.
② 수압은 충분하나 관경이 작을 경우에 사용한다.
③ 가정용 소규모 급수장치일 경우에 사용한다.
④ 저장탱크 용량은 1일분 탱크수량의 4~6시간분량이다.
⑤ 고치탱크 용량은 1일분 탱크수량의 0.5~1시간분량이다.

(4) 기압탱크식 급수법

고치탱크식과 비슷하나 고치탱크 대신 기압탱크를 이용하여 각 층에 일정한 수압으로 물을 공급하는 방식이다.

① 대규모 건물에 적용한다.
② 호텔 등과 같이 층별 일정수압으로 물을 공급하고자 할 때 사용한다.
③ 물을 일시에 다량으로 사용하는 경우에 사용한다.

(5) 압력탱크(presure tank)

탱크 내의 물이 감소되어 기압이 저하되면 펌프가 자동적으로 작동해서 물을 보충하여, 급수압을 유지할 수 있는 장치를 설치한 탱크를 사용하는 방식이다.

2.3.3 급수시설의 설계 및 시공

(1) 급수량 산정

급수설계에 사용하는 1인 1일당 사용수량은 이미 설명되었으므로 일반적으로 건축물에 있어서 사용인원만 알면 급수량을 측정할 수 있고, 단위 상면적당 사용수량만 알면 연상면적으로 그 급수량을 구할 수 있고, 용도별 사용수량과 이에 대응하는 급수전의 크기를 이용하여 결정할 수 있다. 탱크식 급수방식은 사용수량의 시간적인 변화나 탱크의 사용을 고려하여 선정할 필요가 있으며 건축물별 사용수량도 인구의 주야이동, 사용목적에 따라서 급수량이 변화한다. 급수량을 결정하기 위해 고려할 사항은 다음과 같다.

① 기후조건
② 생활수준
③ 하수설비 정도
④ 산업발달 정도
⑤ 수도요금비율
⑥ 사설수도시설 가능성
⑦ 가정용, 공업용 및 그 밖의 수질관계
⑧ 배수관망의 수압
⑨ 수도계량기의 완비 정도
⑩ 상수도관리 등으로 오는 변동

급수량 산정은 상수도에서 중요한 것으로 모든 시설의 기준이 되므로 장래의 수요량을 예측하여 신중하게 결정해야 한다. 설계에 사용할 급수량은 다음 세 가지 방법으로 구한 값을 표준으로 하여 결정한다.

① 업종별 1인 1일당 사용수량 × 사용인원

② 단위면적당 사용수량 × 총면적

③ 용도별 급수전 사용수량 × 동시 사용률 × 수도꼭지수

표 2.10 건축물 및 업종별 사용수량 기준

건물(업종)	1인1일 평균사용수량	건물(업종)	1인1일 평균사용수량
일반주택	100~200	극장	8~15
영업겸용	150~300	관 공 서	40~80
아 파 트	80~160	은행	50~100
요 리 업	70~140	회사	50~100
식당	40~80	병원	200~400
여 관	70~140	학교	30~60
백 화 점	6~12		

우리나라에서 사용하는 급수량 산정은 다음과 같다.

① 급수단위 : lpcd (litters per capita per day) = L/인/일

② 우리 나라의 평균급수량(도시기준) : 200~300 lpcd

③ 급수보급율 = $\frac{\text{급수인구}}{\text{총인구}} \times 100(\%)$

④ 1일 평균급수량 = $\frac{\text{1년간총급수량}}{\text{급수인구} \times 365}$

⑤ 1일 최대급수량 = 1일 평균급수량 × 1.5

⑥ 1일 최대평균급수량 = 1일 평균급수량 × 1.25

⑦ 1일 최소급수량 = 1일 평균급수량 × 0.6

⑧ 1시간 평균급수량 = $\frac{\text{1일평균급수량}}{24} \times 1.5$

⑨ 1시간 최대급수량 = $\frac{\text{1일최대급수량}}{24} \times 1.5$

⑩ 계획 1일 최대급수량 = 계획 1일 평균급수량 × 1.5(중소도시), 1.3(대도시, 공업도시)

⑪ 월 최대사용수량 = 1일 평균사용수량 × 30일 × 1.25

(2) 관의 직경

배수관의 직경은 배수관의 계획최저수압인 1.5kg/cm^{2}일 때도 소요수량을 충분히 공급할 수 있어야 한다. 소요수량에 대한 배수관의 유입 및 유출구에서 손실수두, 관 마찰에 의한 손실수두 등에 의한 손실수두를 더한 총손실수두가 유효수두이하가 되도록 한다. 다음의 표는 용도별 사용수량과 이에 따른 급수전의 크기를 정리하였다.

(3) 급수배관공사

급수시설에서의 급수관 총연장은 배수관 총연장의 수배가 되며 배관이 매우 복잡하다. 이러한 이유로 대체로 누수의 주된 원인은 급수장치 시설에 있다고 보며 배수관 계통의 누수와 급수장치의 누수의 비는 수도에 따라서 다르지만 대개 2 : 8 내지 3 : 7이라 한다. 급수배관공사는 소관경이면 30~50cm, 대관경이면 50~60cm의 구폭으로 하고 접합부는 폭과 깊이를 여유 있게 더 판다. 관 매설은 관내를 청소한 후에 큰 관은 기중기로 작은 관은 인력으로 운반하여 부설하며 일반적으로 낮은 곳에서 높은 곳으로 향하여 공사하고, 매설이 끝난 소켓(socket)에다 스피곳(spigot)을 삽입한다. 매립시에는 15cm정도 흙을 덮고 다짐을 하는데, 이음방식에 따라 부설하는 공법이 다르다. 급수관의 배관공사는 배수관의 공사와 같이 엄격하게 시공되어야 하며, 지켜야할 사항들은 배수편에서 설명되었다.

표 2.11 용도별 사용수량과 이에 따른 급수전의 크기

용도별	사용수량(ℓ/분)	급수전 직경(mm)
요리용	12~40	13~20
세탁용	12~40	13~20
세면기	8~15	10~13
욕조(재래식)	20~40	13~20
욕조(서양식)	30~60	20~25
샤워기	8~15	10~13
소변기(세정수조)	12~20	13
소변기(세정변)	20~45	10~13
대변기(세정수조)	12~20	25
대변기(세정변)	70~130	10~13
수세기	5~10	40~50
소화전	130~260	13~20
세정전(자동차용)	35~80	20~25

2.3.4 급수관의 재료

상수도 시설에서 수도관은 취수, 송수, 배수, 급수에 필수적인 것으로서 송·배수관로, 연락관로로 널리 사용되는 것은 주철관과 철관이다. 배수관은 주로 주철관, PS 콘크리트관, 강관을 사용하고 급수관으로는 연관, 동관이 대부분 사용된다. 관의 재료별 장점 및 단점을 정리하면 다음과 같다.

(1) 연관

장 점	단 점
① 내구성이 풍부하다. ② 가공이 용이하다. ③ 굴곡성이 있어 시공이 용이하다. ④ 수리가 용이하다. ⑤ 내산성이다.	① 외상을 받기 쉽다. ② 중량이 크다. ③ 콘크리트 몰탈내의 부설에 부적당하다. ④ 전기의 영향을 받기 쉽다. ⑤ 비교적 가격이 비싸다.

(2) 강철관

장 점	단 점
① 연관에 비해 강도가 크다. 외상에 대한 염려가 없다. ② 가격이 저렴하다. ③ 경질이므로 입상 또는 횡주 등의 시공이 용이하며 수전주의 대체용으로도 쓰인다.	① 연관에 비해 약 2배의 공작을 요하며 하수 월류 시는 가공에 장시간을 요한다. ② 노후 또는 고장이 생겼을 때 연관보다 수선이 어렵다. ③ 강관 1본의 길이는 약 5m이므로 이음수가 많다. ④ 양수기에 연결할 경우 전후 0.5m정도 연관을 사용해야 한다.

(3) 주철관

장 점	단 점
① 강도가 크며 외상, 동결에 강하다. ② 분수전의 취부에 적당하다.	① 중량이 크므로 운반, 부설이 곤란하다. ② 비교적 가격이 높다.

(4) 경질 염화비닐관

장 점	단 점
① 강인성이며 외력에 의한 손해가 적다. ② 내구성이 풍부하고 산, 알칼리 전기에 대한 영향은 없다. ③ 관내의 스케일(scale) 발생이 없다. ④ 시공은 이형관을 사용하며 접착제를 도포한다. 가열접합하므로 시공이 간단하다. ⑤ 무게가 가벼워 취급하기 좋다. ⑥ 가격이 싸다.	① 충격에 약하나 외상을 받으면 강도가 떨어지므로 운반부설에 세심한 주의를 요한다. ② 내열성이 부족하여 70℃ 정도면 강도가 현저히 저하하고 180℃ 정도면 변질된다. ③ 시공시는 특수가열기를 사용해야 한다. ④ 온도에 의한 팽창은 금속관의 약 6~7배가 되며, 지상노출시는 신축이음이 필요하다. ⑤ 화학제품이므로 원재료의 선정, 제조방법이 불량한 경우, 강도의 저하와 노화의 우려가 있다.

(5) 석면 시멘트관

장 점	단 점
① 부식, 전기영향이 절대 없다. ② 열의 불량도체이다. ③ 안전한 가격이며, 경량이다.	① 강도가 약하므로 특히 작업, 운반시 주의를 요한다. ② 분지대를 사용하는 불편이 있다.

(6) 동관

장 점	단 점
① 장력이 크므로 무게가 가벼워 운반이 편리하다. ② 콘크리트내의 부설이 적합하다. ③ 관 내외의 스케일 발생이 없다.	① 보관은 건조한 장소를 선택해야 한다. ② 원수에 유리탄산이 많을 때는 백포 등의 착색 경향이 있다.

급수장치의 재질이 갖추어야 할 조건으로는 수질, 온도, 진동, 하중, 충격 등이 해로운 영향을 받지 않도록 주의하여 취급하여야 하는데 다음과 같은 사항을 검토해야한다.

① 누수가 생기지 않는 재질일 것.

② 위생상 인체에 해가 없을 것.

③ 일정수압(최소 17.5kg/cm^2)에 견딜 수 있을 것.

④ 파손 또는 부식되지 않을 것.

⑤ 사용상 편리하고 외관상 아름다울 것.

⑥ 동결 및 손상을 쉽게 입는 재질이 아닐 것.

2.3.5 급수관의 기구

급수는 수원으로부터 취수한 원수를 처리하여 정화된 배수지관으로부터 분기하여 급수장치 시설공사를 통하여 수요자들에게 공급하는 것을 말한다. 급수장치는 급수관, 계량기 저수조, 수도전 및 급수와 관련된 기구를 말하고 급수공사란 급수시설을 신설, 증설 또는 개조하는 공사를 말한다. 급수관의 기구는 다음과 같다.

(1) 급수전(service water cock, faucet)

급수관 말단에 접속되어 있으며 사용자가 각자 개폐하여 소요수량을 얻는 장치가 급수전이다. 급수전은 급수관 끝에서 사용자가 물을 자유로이 방출하기 위한 장치로 용도에 따라 다양한 종류가 있다. 겨울의 동결시에도 견딜 수 있는 재질의 강도와 누수방지를 위한 팩킹(packing)이 제가능을 발휘하는 것이 중요하다. 급수전은 횡수전, 동장횡수전, 입수전, 위생수전, 횡형자재수전, 샤워벨브, 살수전 등 현재까지 고안된 종류는 대개 50여종에 달한다. 대부분 놋쇠제로 니켈도금이 되어 있으며 직접 벽 또는 수전주에 설치한 것으로 전용전과 공동전이 있으나 구조상으로는 큰 차이가 없다. 한냉지역 또는 동절기의 동결로 인한 파열을 방지하기 위하여 적당한 방한장치가 필요한데, 최근에는 부동식 수전주라 하여 적립하는 부분에 아연도금을 한 철관을 삽입하고 외부는 콘크리트로 둘러싼 것도 있다. 급수장치의 구조적인 조건은 다음과 같다.

① 필요한 수량을 충분히 공급할 수 있을 것.
② 수압, 토압, 지진, 부등침하, 동결, 누수 등에 대해 안전할 것.
③ 배수관의 수압에 영향을 주는 설비를 피할 것.
④ 구조적으로 물의 역류와 오염을 피할 수 있을 것.
⑤ 지수전, 계량기 등을 지정한 위치에 설치할 것.
⑥ 정체수를 쉽게 배출할 수 있을 것.

(2) 지수전(stop valve)

지수전은 급수의 시작, 중지 및 급수장치의 수리 등을 목적으로 급수의 중지나 제한을 위한 기구로서 도로와 사용지 경계에 설치하여야 하나, 교통하중 증가로 파손이나 매몰 등의 사고가 많아 사유지 내에 계량기와 같이 설치한다. 설치는 분수전과 계량기 사이에 하여야 한다. 지수전은 나사식과 코크식이 있으며, 나사식은 팩킹재료의 부식에 의한 누수사고가 발생하기 쉬우며, 코크식에 비해 높은 손실수두를 발생시키므로 좋지 않다.

① 급수중지 및 고장수리 등의 목적으로 설치한다.

② 요금태납의 제재 등 급수정지시에 사용한다.

③ 지수전은 갑형, 을형, 병형이 있으며 갑형은 사용자가 임의로 개폐할 수 있으나 을형은 경영자만 개폐할 수 있다.

(3) 수세장치

수세식 화장실의 기구는 수세장치의 형식에 따라 다르며 세정탱크식과 세정밸브식이 있다. 세정탱크식은 만수가 되면 자동폐지하는 전이 사용되고, 변기내 오수를 흡인할 우려는 전혀 없으며 급수관이 13mm의 소관경도 사용할 수 있다. 세정밸브식은 특수밸브가 사용되는 전으로 변기에 직접 급수관이 접속되기 때문에 오수의 흡인이 있으므로 진공파괴장치나 역류방지기능을 가지는 장치를 사용해야한다. 또한, 급수관경이 25mm이상 되어야하며 고장이 잦은 단점이 있다.

(4) 소화전(fire hydrant)

소화전은 공공시설물의 경우는 도로의 양측에 설치하고 사설물인 경우는 실내나 도로를 낀 벽면 등의 적당한 곳에 설치한다. 소화전이 분기하는 관경은 150~200mm로 하여 도로 교차점에는 반드시 설치하고 그 사이에도 간격 100~200m이내에 설치하며 도심지에는 쌍구소화전을 관경 200mm이상의 배수관에 장치한다. 소화전은 소화 목적이외에도 살수 또는 사용할 수 없는 물을 방출시킬 경우에도 사용된다.

(5) 계량기(water meter)

계량기는 배수본관이나 급수관내를 흐르는 수량을 측정하는 계기로 사용자의 사용수량에 따라 수도요금을 받기 위해 설치하며, 직접식과 간접식이 있다.

① 직접식

일정량의 물이 찰 때마다 원판이나 로터리가 회전하여 측정하는 방식으로 추정정도가 높으며 고가이며, 디스크식(disk meter), 회전피스톤식(rotary piston meter) 등이 있다.

② 간접식

날개의 회전수에 따라 수량을 측정하는 방식으로 현재 가장 많이 사용되고 있으며, 접선류 날개형 단습식 계량기 등이 있다.

계량기 설치 장소는 다음과 같은 곳에 한다.

① 부지 내의 옥외에 설치할 것.
② 점검하기 쉬운 곳.
③ 오수 등이 유입하지 않는 곳.
④ 파손될 우려가 없는 곳
⑤ 급수전보다 낮은 곳

13mm 단습기 계량기의 조건은 다음과 같다.

① 손실수두 10m에서 시간당 2.8m^{3}까지 측정가능할 것.
② 75ℓ/h까지 측정가능할 것.
③ 계량기 지침은 30ℓ/h 이하에서 작동할 것.
④ 오차는 ±4% 이내일 것.

2.3.6 누수

누수는 복잡한 요인에 의해 늘 새롭게 발생하고 성장하며 그 성장을 중단하는 법이 없다. 따라서 일단 누수를 어느 정도 제어했다 하더라도 일정 기간 누수방지 작업을 중단하면 누수량은 증가하기 시작하여 또 다시 예전의 상태로 환원되기 마련이다. 이 때문에 일정 기간마다 이 복원량을 상쇄시킬 수 있도록 지속적으로 누수방지 작업을 해야 할 필요가 있다. 복원속도는 관거와 지역의 상황에 따라 다르며 이러한 복원속도 또는 복원량을 측정하기 위해서도 누수량을 계속해서 정기적으로 측정할 필요가 있다. 즉 최초의 측정 후 반년 또는 1년마다 누수량을 측정하고 전회의 잔존누수량과 비교하여 그 증가량을 누수복원량으로 본다. 경우에 따라서는 관거를 기준으로 하여 배수관 1㎞당 누수증가량을 복원율이라 하여 누수지표로 삼기도 한다.

1 누수가 발생하기 쉬운 장소

① 두 철관의 연이음 누출
② 메카니컬 접합의 누수
③ 강관의 부식으로 인한 누수

④ 관의 절손으로 인한 누수
⑤ 박킹 재료의 노후에 의한 누수
⑥ 이음시공의 불량으로 인한 누수

2 누수의 탐색

누수를 방지하기 위해서는 먼저 누수조사가 필요하다. 누수율의 한도는 정해져 있지만, 약 17%를 넘지 않으면 양호한 것으로 본다. 누수율은 배수량에 따라 다르므로 연간 평균을 고려해야 하는데, 누수방지를 계획적으로 하려면 급수구역을 몇 개의 조사구역으로 분할하여 3~5년에 한 번씩 각 조사구를 순차적으로 조사하는 것이 좋다. 누수방지를 해도 누수량은 시간이 지남에 따라 다시 복원하기 때문이다. 배수관에서 유출된 물은 도로포장이 고급화함에 따라 넓은 지역에 걸쳐 체수하고 따라서 누수 장소와는 전혀 다른 곳으로 유출되는 경우도 있는데, 이러한 경우를 대비하여 굴착에 앞서 부근의 배수상황을 조사하고 청음조사 등으로 노면부터 조사하고 경우에 따라서는 보링을 하여 누수장소를 발견하도록 한다. 조사는 주로 야간에 행하며 조사대상 블록(block)에 유입하는 모든 지수변을 닫고 한 소화전에 블록이외의 소화전을 호스로 연결하는데, 이때 호스 중간에 계기를 달아 유량을 측정하며, 소화전 대신 급수전이나 분수전을 이용할 수도 있다. 각 수용가의 지수전을 미리 닫도록 하여 급수전에서 물이 안 흐르게 할 때, 계기에 물이 흐르면 이것이 누수량이 된다. 조사 블록의 누수량이 허용치 이내이면 문제가 없으나, 초과할 때에는 누수원인을 찾아야 하는데, 이때 청음조사를 하여 봉상청음기(청음봉)나 전기누수탐지기 같은 기계를 써서 누수음을 확대하여 들음으로써 누수장소를 탐지할 수 있다. 비금속관은 금속관에 비하여 누수음의 전파가 약하여 탐색작업이 쉽지 않고 금속관의 경우에는 누수음과 잡음과의 판별에는 상당한 숙련이 필요하다. 지하를 흐르고 있거나 하수도 맨홀 측구 등으로 유입하고 있는 물이 상수도의 누수에 의한 것인가의 여부를 판단해야 할 경우의 판별법으로 다음과 같은 방법이 사용되고 있다.

① **잔류염소에 의한 방법**

현재 대부분의 상수도 소독처리는 염소를 사용하고 있다. 따라서, 이 잔류염소의 유무에 의하여 상수의 누수여부를 판정하는 방법이다. 그러나 누수의 경우라도 그 경로가 길어지면 지중을 통과하는 사이에 자연히 분해되어 잔류염소의 농도가 떨어지고 검출되지 않는 경우도 있으므로 주의해야 한다.

② 전기전도도에 의한 방법

대상으로 하는 물이 갖고 있는 전기전도도에 따라 물의 성격을 판별하는 방법으로 비교적 정확히 판단할 수 있다. 물은 순수에 가까울수록 전도도가 떨어지고 반대로 혼합물이 많아질수록 전도도가 증가한다.

표 2.12 물의 종류에 따른 전기전도도(μs/cm)

물의 종류	우 수	상수도수	지 하 수	하 수
전기전도도(μs/cm)	20~40	100~240	300~450	500 이상

③ 수온에 의한 방법

수도수, 지하수, 하수 등의 수온이 각기 다를 경우 수온을 측정하여 판별할 수 있다.

④ 수소이온농도(pH)값에 의한 방법

물은 각각의 pH값을 갖고 있기 때문에 pH값을 조사하여 수돗물인가의 여부를 판별할 수가 있다.

3 누수장소와 원인

누수가 발생하는 장소는 관의 접합부나 관과 기구의 접속부가 대부분을 차지하지만 그 외에 관내 수압의 변동, 토층운동, 노화, 파손, 파열, 부식 등 관 자체의 결함이 원인이 되는 경우가 많이 있다. 배수관계통의 주된 누수장소와 원인을 정리하면 다음과 같다.

(1) 접합누수

접합의 시공불량에 의한 누수는 경질염화비닐관, 동관에 가장 많으며, 접합누수는 아니지만 폐기된 수전의 잔존관 정리가 안 되었을 때 발생하는 누수도 있다.

① 소켓접속

지반침하, 지진, 진동에 의하여 접합부의 연이 이완되거나 떨어져 나가면 누수가 일어나는데, 이때 연을 제거하고 계수를 바꿔 넣어 수리한다. 메카니컬 접합으로 개조하는 방법도 있으며, 개조하면 다시 벌어지는 현상도 방지할 수 있다.

② 기계(mechanical)접속

이 접합은 원래 굴소형으로 포설이 정상적이면 진동에 의한 누수는 방지할 수 있다. 직선부에서의 누수는 고무패킹의 삽입불량이나 모래 등의 이물이 들어가기 때문에 발생하는 것이 대부분이지만, 볼트를 잘못 잠갔던지 죄지 않았을 때에 사고가 많다. 곡선부나 관말의 전에서는 방호가 불충분하던가, 고정이 잘 안된 것이 원인이 된다. 또한 접륜이 관의 말단부에서 중심을 벗어나는 것이 원인이 되는 경우가 있다.

③ 기볼트 접합

접합에서의 누수는 작은 편이지만, 누수원인은 슬리브(sleeve)가 관의 말단부에서 중심을 벗어나던가, 고무링의 삽입이 불량하거나, 모래 등의 이물질이 들어가거나, 볼트가 잘 죄어지지 않은 경우이다. 수압이 높고 진동이 많은 장소에서는 고무링의 일부가 저절로 튀어나오는 사고도 가끔 일어난다.

(2) 관의 파열, 부식

관의 사고는 관종에 따라서 다르나, 연관 및 동관은 부식이 단연 많고, 연관에서는 외상, 파열이 많은 것이 특징이다. 동관의 누수는 부식에 의한 핀구멍(pin hole)에서의 누수가 많다. 도장이 나빠서 자연이 부식하던가, 외상 때문에 도장이 벗겨지던가, 전식이 원인이 되어 부식되며, 부식의 진행이 주철관보다 빠른 것이 특징이다. 부분적인 누수는 보호륜으로 처리되지만, 관 전체가 부식된 경우에는 관을 다시 포설하여야 한다.

2.3.7 급수장치의 수압상승

급수장치에는 여러 장치가 포함되어 있는데, 이러한 장치와 공공수도를 연결시킬 때, 역지변이 완전하지 않다든가 지수변 조작을 잘못하면 역류가 생긴다. 이러한 장치를 정리하면 다음과 같다.

① 여과장치·연수장치용으로 펌프를 설치하는 경우
② 온수·냉수장치용으로 펌프를 설치하는 경우
③ 공기조절장치용으로 펌프를 설치하는 경우
④ 냉동장치의 냉각수나 그 밖의 공업·영업용 설비에 펌프를 설치할 경우
⑤ 소화 스프링클러용으로 펌프를 설치하는 경우
⑥ 고압가스의 세정장치에서 가스압 때문에 역류가 생기는 경우

이러한 펌프류는 계통이 다른 장치로 되어 있지만, 보통 양정이 공공수도의 수압보다 높기 때문에 역지변 등을 통하여 역류가 생기는 것이다.

2.3.8 교차연결(cross connection)

관내에 압력저하가 생기면 급수장치에 연락시킨 사설수도의 수압이 공공수도의 수압보다 높아지고, 지수변이 불안전할 때에 공공수도 방향으로 역류한다. 또 사설수도와 교차연결이 되어도 배수관이 단수상태가 되면 배수관보다 높은 위치에 있는 급수장치 내의 물은 배수관 내로 흘러 들어간 급수관 내의 압력이 저하되거나 진공상태가 발생한다. 또한, 압력저하는 배수관 내의 수격 작용에 의해서도 발생한다.

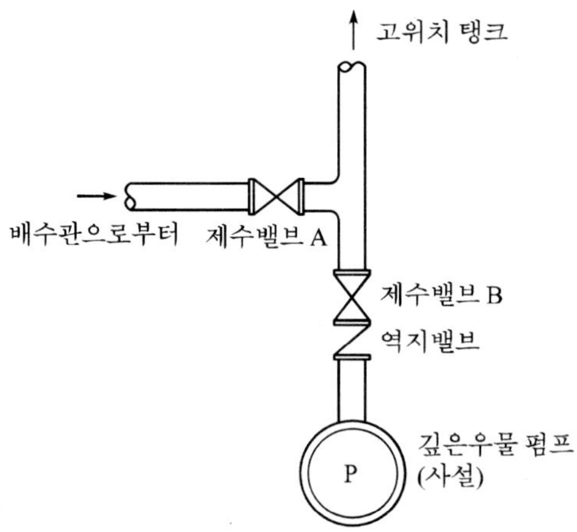

그림 2.10 교차연결

(1) 수압의 저하(pressure drops)와 교차연결 발생원인

배수관 내의 수압은 안정된 것이 이상적이지만, 실제로는 매우 변동이 심하다. 그 원인으로는 다음과 같은 것이 있다.

① 물의 사용량이 급변할 때 수압이 변동한다.
② 소화전을 열었을 때 급격한 수압변동이 일어난다.
③ 배수관의 사고에 의한 파열 및 절손으로 부근의 수압이 저하한다.
④ 배수관의 수리 때문에 이토관을 열었을 때도 수압변동이 일어난다.
⑤ 지반의 고저차가 심한 급수구역에서는 고지구에서 압력저하가 일어나기 쉽다.
⑥ 배수관에 직접 연결된 가압 펌프의 운전에 따라 상류측에 압력저하가 일어난다.

(2) 교차연결의 결과

음료수로 사용될 수 없는 물이 음료수용 급수시설로 직접 또는 간접으로 들어갈 수 있도록 된 물리적 연결을 교차연결이라 하며, 이로 인해 음료수가 오염되어 전염병이 퍼진 예가 많으며, 앞으로도 그 가능성이 있으므로 급수시설에서 교차연결이 되지 않도록 주의해야 한다.

(3) 교차연결 현상의 방지

① 수도관과 하수관을 같은 위치에 매설하지 않도록 한다.
② 수도본관에 진공이 발생하는 경우에 진공발생을 제거하는 공기밸브를 부착시킨다.
③ 급수를 받는 수조의 월류면과 급수전 사이에 공간을 두며 그 간격을 관경 이상으로 한다.
④ 화장실 플러쉬변(flush valve)에 진공브레이크(vacuum breaker)를 부착시키거나 진공이 발생하였을 때 자동적으로 밸브가 닫히는 피스톤(piston)형을 사용한다.
⑤ 공장 등에 급수하는 경우 공장 내의 장치가 역류를 일으킬 염려가 있을 때는 일단 저수탱크에 집어넣어야 한다.

2.3.9 노후관의 세관(cleaning)

노후관이란 매설 후 장시간 사용으로 인하여 지나친 부식이나 스케일 등의 생성으로 배수 및 급수 불량, 적수현상이 발생하거나 지관부 이외의 접합부 또는 연결부위에서 누수사고가 빈발하는 관을 말한다. 이러한 노후관은 노후관 내부의 스케일을 완전 제거하여 통수단면적을 회복시키기 위한 세관작업과 세관을 실시한 관내부에 스케일 형성방지를 위해 라이닝공을 실시하여 관을 재생시키는 재생공법을 통하여 회복할 수 있다.

(1) 스크레이퍼(scraper) 공법

이 공법은 가동축 주위에 있는 큰 스크레이퍼를 방사상으로 여러번 단 설치하여 세관하는 공법으로 수압식과 견인식이 있다.

(2) 젯트(jet) 공법

특수 고압펌프로 물을 200kgf/cm^{2}로 가압하여 특수 노즐에 의해 젯트류를 형성하여 스케일을 제거하는 공법이다.

(3) 폴리픽(polly-pig) 공법

폴리우페탄 재질의 포탄상 물질인 polly-pig을 특수 가압장치를 이용 3~4kgf/cm^{2}의 승압을 가해 스케일을 제거하는 방법으로서, pig은 압축성 및 굴곡성이 좋으며 45°~ 90°곡관 등의 통과가 가능하고 1회 시공연장은 1㎞로서 장거리는 일시에 또 단시간에 작업이 가능하다.

(4) AS(air sand)공법

선회압축공기와 여기에 혼입하는 입자속도가 발생하는 힘을 이용하여 세관하는 방식으로서 1회 시공연장은 300~100m 이며, 곡관이나 구경이 동일하지 않은 연속 S형 곡관의 시공이 가능하다. 제거한 스케일, 이물질 등은 작업 말단부에 설치한 집진기로 회수한다.

핵심용어 및 내용

1. 도수 및 송수방식

① 자연유하식(gravity flow system) ⇒ 자유수면이 있다.

② 펌프압송식(pumping flow system) ⇒ 자유수면이 없다.

2. 수로(水路)의 수리(水理)

(1) 개수로 : 자유수면을 갖는 흐름

① Manning 공식 : $V = \frac{1}{n} R^{\frac{2}{3}} I^{\frac{1}{2}}$

② Chezy 공식 : $V = C\sqrt{RI}$

③ Ganguillet-Kutter 공식

(2) 관수로 : 자유수면을 갖지 않는 흐름

① Hazen-Williams 공식 : $V = 0.35464\,C\,D^{0.63}\,I^{0.54} = 0.84935\,C\,R^{0.63}\,I^{0.54}$

(3) 마찰손실수두

$$h_L = f\frac{L}{D}\frac{V^2}{2g}$$

3. 도수·송수관거의 유속

① 최대유속 : 3m/sec 이내 (관로내면의 마모방지를 위해)

② 최소유속 : 0.3m/sec 이상 (도수관에 침전물의 퇴적을 방지하기 위해)

4. 관수로의 부속설비

① 제수(制水) 밸브(Gate Valve, Sluice Valve)

② 공기 밸브(Air Valve)

③ 역지 밸브(Check Valve)

④ 안전 밸브(Safety Valve)

⑤ 접합정(Junction well)

5. 배수관의 계획배수량

계획 시간 최대급수량을 기준으로 한다.

6. 배수지 유효용량

계획 1일 최대급수량의 8~12시간분을 표준으로 한다.

7. 배수관의 수압

① 최소 동수압 : **150 kPa**(수두 H = 15 m)

② 최대 동수압 : **700 kPa**(수두 H = 40 m)

8. 관망배치방법

① 격자식, ② 수지상식, ③ 종합식(격자식+수지상식)

9. 배수관망의 계산방법 : Hardy – Cross법

10. 교차연결(Cross connection)

음료수를 공급하는 수도와 음용수로 사용될 수 없는 다른 계통의 수도 사이에 관이 서로 물리적으로 연결된 것.

되짚어 보기

1. 상수 관거의 설계에 가장 많이 이용되는 공식은(Hazen-Williams 공식, Hardy-Cross 공식, Darcy-Weisbach 공식, Manning 공식)이다.

2. 상수도시설중 배수관로 설계시 요구되는 최소동수압 기준은 얼마인가?

3. 상수도 배수관망 설계시 계획배수량은 일반적으로 (계획 1일 평균급수량, 계획 1일 최대급수량, 계획 1시간 평균급수량, 계획 1시간 최대급수량)을 기준으로 한다.

4. 배수관망의 구성방법에서 격자식(grid system)이 수지상식(branching system)보다 유리한 점을 설명하시오.

5. 상수도 배수관의 최소 매설 깊이를 결정할 때 고려할 사항으로 가장 거리가 먼 것은 (급수관의 연결, 동결깊이, 지하수위에 대한 부상, 차량에 의한 윤하중)이다.

6. 고가수조의 입구 또는 펌프 유출관의 시점 등에 설치하는 밸브는 (제수변, 자동지수변, 안전변, 역지변)이다.

7. 도수 및 송수에서 자연유하식과 가압식을 설명하시오.

8. 상수도에서 사용하는 관의 종류를 쓰고 간단하게 그 특성을 설명하시오.

9. 수로나 강관의 신축이음 설치목적을 설명하시오.

10. 관의 접합방법을 쓰고 간단하게 설명하시오.

11. 관의 직경에 따른 일반적인 배수관의 매설깊이를 쓰시오.

12. 급수방식을 쓰고 간단하게 설명하시오.

13. 누수장소와 원인을 설명하시오.

14. 급수에서 교차연결(cross connection)을 설명하고 그 방지대책을 쓰시오.

15. 펌프장의 위치를 선정하는데 고려해야할 사항을 설명하시오.

CHAPTER

3

수질 및 정수장시설

Waterworks facilities

CHAPTER 3

수질 및 정수장시설

3.1 상수의 수질

· TIP

수질오염 관련 용어, 음용수 수질, 성층현상과 부영양화 관련 내용이 중요하다. 부영양화, 하천의 자정작용, 음용수 수질 등에 관한 내용도 정리한다.

물의 순환과정에 있어서 우리가 필요로 하는 물의 80% 이상을 공급하고 있는 것이 지표수이다. 인구의 증가 및 집중화와 다양한 산업의 발달로 인하여 이용되는 물의 양이 급증하고 있으며 여러 가지 오염물질에 의한 오염 양상도 다양해져가고 있는 실정이다. 공중에 급수되는 물은 마실 수 있어야 할 정도의 수질을 가져야 하며 오염되지 않아야 하는데, 이 경우 오염(pollution)은 수질을 저하시켜 사용하기에 위험하도록 되거나 물의 사용가치를 저하시킬 수 있는 유기물, 무기물, 방사능 물질 혹은 생물 등의 불순물이 존재하는 것이라고 정의할 수 있다. 상수도는 가정용수, 상공용수 그 외 여러 목적에 사용되고 있으며, 이 중에는 잡용수와 같이 수질을 문제하지 않는 것도 있다. 일반적으로 상수도에 의해 공급되고 있는 물은 음용으로 직접 인체에 섭취되므로 수질을 충분히 고려해야 한다.

3.1.1 수질오염의 발생원

산림, 늪 그리고 초지는 강물의 오염에 크게 작용하지 않는다. 이와 같이 생태계를 흐르는 자연발생적 물질은 수생생물이 충분히 이용하기 때문에 그 농도가 평형상태로 유지된다. 경우에 따라서는 자연적으로 흘러 들어간 물질들에 의해 평형이 깨질 경우도 있으나, 대체로 분해자에 의해서 분해 소멸되거나 희석되어 큰 영향을 주지 못하는 소량인 경우가 대부분이다. 지표수와 지하수는 주위의 지질에 따라 탄산, 질산염, 불화물, 칼슘, 마그네슘 염류가 수중에 용해되어 문제를 발생시키기도 한다. 특히, 기술혁신과 산업구조의 변혁으로 생산활동이 고도화, 다양화되었을 때 산업의 집중 및 대규모화, 인구의 증가 및 도시집중 등에 따른 폐기물, 폐수 등의 각종 오염물질이 증가하는 데 비하여 오염물질 처리시설은 매우 미흡하다는 점을 들 수 있다. 수질오염이란 인위적인 요인에 의해서 자연 수자원이 오염되어 이용가치를 저하시키거나 피해를 주는 형상을 말한다.

(1) 가정 및 도시하수

가정하수, 학교, 병원, 식당, 호텔 등에서 나오는 오수로 주성분은 유기물이다. 도시하수는 평균 1인당 200~400ℓ/day의 범위인데, 인구증가와 생활수준에 따라 변화한다. 유기물은 동물 및 식물을 근원으로 한 단백질, 지방, 탄수화물과 그들의 분해물이며, 이들의 물리적 성질로는 침강성, 현탁성, 용해성으로 구분되며, 침강성, 현탁성이 전 유기물의 70%를 차지한다.

(2) 공업 및 공장폐수

화학공업, 금속공업, 식품공업, 석유화학공업, 섬유공업 등 각종 공업의 폐수로서 각종 유기물, 무기물, 유류, 중금속 등이 함유되어 있으며, 유해 중금속이 함유된 폐수의 겨우 특히 철저한 처리 및 관리를 요한다.

3.1.2 수질오염과 농업

농경지의 토양침식에 의해 많은 퇴적물이 집수유역에 유입된다. 농경지 유하수 중에는 살충제, 비료성분 및 동물로부터의 배설물, 기생충난 등을 포함한다. 최근 농약의 사용량이 증가되면서 농약성분들 생물학적 농축현상에 큰 문제가 되고 있다. 식물의 성장에 있어 용수의 수질보다는 배수가 잘되는 흙이 더 중요한 조건이다. 그러므로 농업용수에 있어서는 토양과 수질을 함께 고려해야 한다. 농업에 미치는 수질오탁의 피해는 다음과 같이 여러 가지의 형으로 이루어진다.

① 유해물질에 의한 농작물의 오염
② 유해물질에 의한 농작물의 생육저해
③ 발생한 슬러지 등에 의한 농작물의 피해 등

SAR(sodium asdsorption ratio)는 농업용수에 Na^+의 양이 Mg^{++} Ca^{++}의 양과 비교하여 Na^+의 양이 과다할 때는 Na^+가 Ca^{++}와 치환되어 배수가 불량한 토양이 되며, 토양은 Na^+에 의하여 일시적으로 알칼리성이 되나 물 속의 H^+에 의해 치환되어 산성이 된다.

표 3.1 배출원에 따른 오염성분

배출원	오염성분
식품가공	BOD, SS, 냄새
제지, 펄프제조	BOD, SS, COD, 페놀, 색, 냄새
화학약품제조	유분, pH, BOD, COD, SS, 암모니아, 페놀, 냄새, 독물유분, 냄새, 독물
석유정제	유분, 냄새
석유화학	유분, BOD, COD, 냄새
제철	① 고로 : COD, SS ② 열연 : pH, COD, SS, 유분 ③ 코크스 제조 : COD, SS, 암모니아, 페놀, 시안 화학물
기계가공	pH, COD, SS, 유분, 독물
염색	BOD, pH, COD, SS, 색, 독물
섬유	BOD, COD, SS, 독물

$$\mathrm{SAR} = \frac{\mathrm{Na}}{\sqrt{\dfrac{\mathrm{Ca}+\mathrm{Mg}}{2}}} \quad \text{또는} \quad \mathrm{SAR} = \frac{\mathrm{Na} \times 100}{\mathrm{Na}+\mathrm{Ca}+\mathrm{Mg}+\mathrm{K}}$$

여기서, Na, Ca, Mg, K의 단위는 mg/ℓ(1g 당량의 1/1000)이다. 토양의 허용치는 SAR 26 이하이다. 또, 농업용수의 적정 pH는 일반적으로 5~8이 좋으며, 산성이 되면 여러 가지 부작용을 일으킨다.

3.1.3 수질오염과 수산업

시안이나 농약 등의 유독물질은 어류의 폐사 원인이 되며, 유기물에 의한 오염은 점차 어류의 생식환경을 악화시켜 어류의 형태변화를 가져오고 지극히 나빠지면 산소 부족으로 패사하여 결국 그 하천에는 어류를 찾아볼 수 없게 된다. 하천, 호소, 항만해역의 오염으로 인하여 수산업이 받는 피해는 크며, 피해의 종류도 다음과 같이 여러 종류에 이른다.

① 독물에 의한 급성중독사
② 생산량의 저하
③ 상품가치의 저하
④ 어구 및 선박의 손상이나 부식 등

급성중독사를 일으키는 예로서는 시안 기타의 유독물질을 함유한 배수에 의한 오염으로서 때때로, 어느 곳에서나 볼 수 있는 현상이다 . 또, 그 자체는 직접 유독하지 않더라도 유기성 배수 등이 다량으로 유입한 경우, 수중의 산소를 소비하고 여러 가지 호기성 생물의 질식사를 급속히 초래하는 경우가 많다. 또한, 수질오탁은 그 수역의 생태적인 환경을 서서히 바꾸어 결국에는 완전히 생물상을 변화시킨다. 항만이 오염으로 인해 해초 및 어패류의 생식지를 박탈하고 삭막한 수역으로 변경시킨다. 생산량은 감소되지 않지만, 그 상품가치가 현저하게 저하하는 경우로 광유, 페놀 등에 의한 수역의 오염이 그 원인이 되고 있다. 항만 등에 투기된 폐기물질이 어망에 걸려서, 어구로서의 기능을 상실시키고, 오염된 수질에 의해서 어선의 기구 등이 단시일 동안에 부식되어 버리는 것 등도 수질오탁이 수산업에 미치는 영향의 예이다.

3.1.4 수질오염과 생활환경

수질오염이란 물이 자연적으로 가지고 있는 물리적, 화학적, 생물학적 성질이 자연적이거나 인위적인 요인에 의하여 변화됨으로서 물의 이용에 지장을 초래하거나 환경에 변화를 일으키므로 수중생물에 영향을 주는 상태로 변화되는 것을 말한다. 좁게는 주로 인간이나 축산의 배설물에 의하여 병원성 미생물 또는 기생충 등이 인체에 수인성(waterborne)질병을 일으켜 공중보건상 위험이 발생될 정도까지 수질이 악화되는 수질오탁(water contamintion)을 말하며, 넓게는 자연적 또는 인위적 요인에 의해 자연수의 성질을 변화시키므로 용존산소의 감소 등을 초래하여 직간접으로 생활, 농업, 공업, 수산 등의 용수 이용에 지장을 주어 경제적 손실이나 공중보건상 피해를 줄 만큼 수질이 악화되는 현상을 수질오염(water pollution)이라 한다. 수역의 오염이 진행되고 혐기상태가 계속되면 황화수소나 그 외의 유해가스가 발생하고 악취에 의한 연안주민의 생활환경이 악화되며, 도시하천의 오염은 도시에 있어서 주민 정신생활에 영향을 끼친다.

3.1.5 농도

수질과 수량과 오염물의 양과의 관계는 다음과 같이 표시된다.

$$수질\left(ppm = \frac{g}{m^3}\right) = \frac{오염물의\ 양(g)}{수량(m^3)}$$ (단, 물의 비중은 1로 한다).

대체로 하천의 수질은 흘러 들어오는 오염물질의 양에 비례하고 상류에서의 희석수량에 반비례하는 관계가 있다.

(1) 미량성분의 농도

① ppm : $10^{-6} = 1/10^{-6}$(100만분율 : *parts per million*)

② pphm : $10^{-8} = 1/10^{8}$(1억분율 : *parts per ‰red million*)

③ ppb : $10^{-9} = 1/10^{9}$(10억분율 : *parts per billion*)

이중 ppm은 가장 많이 접하는 농도 단위이므로 정리하면 다음과 같다.

► ppm(parts per million, 백만분율) : 1L 중에 1mg의 오탁물질을 함유할 때의 농도 (mg/L)

$$1\ ppm = \frac{1}{10^6} = \frac{1\,mg}{10^6\,mg} = 1mg/kg ≒ \mathbf{1mg/L = 1g/m^3 = 10^{-3}\ kg/m^3}$$

(2) 농도 환산

일반적으로 고체혼합물이나 액체혼합물에 대해서는 중량농도, 즉 중량 %, 중량비 ppm을 사용하고, 기체혼합물에 대해서는 용량농도, 즉 용량 %, 용량비 ppm이 사용된다. 액체혼합물의 용량 % 의 상호환산에는 용질이나 용액의 비중을 알 필요가 있다.

3.1.6 부유물질(suspended solids : SS)

부유물질은 무기물과 유기물을 함유하는 고형물질로써 입자의 크기는 0.1μm~2mm이하의 크기를 말하며, 유기성분은 휘발성물질(volatile suspended solids)이라고 부르며 550℃ 정도에서 태울 경우 휘발되지 않고 남는 부분을 작열잔류 부유물질(flxed suspended solids)라 하며 무기물을 말한다. 즉 부유물질 = 증발 잔류물−용해성 물질인데 여기서 증발 잔류물은 하수를 증발시켜 남는 물질 즉, 물속에 함유되어 있는 이물질 전체를 말한다.

(1) SS

침전에 의하여 제거할 수 있는 부유물질이며 거름종이나 셀로판지(filter paper) 등으로 여과하면 물과 분리할 수 있는 최소직경 $0.1 \sim 1\mu(1\mu = 10^{-6} = m = 10^{-3}mm)$의 크기로서 보통 현미경의 최하한계이다.

$$\text{SS제거효율} = \frac{\text{유입수의 } SS \text{ 농도} - \text{유출수의 } SS \text{ 농도}}{\text{유입수의 } SS \text{ 농도}}$$

(2) 용존물질(dissolved solid)

분자나 이온(ion)으로서 용질이 용매에 등분포된 상태, 즉 어떠한 형태의 여과로서도 제거할 수 없는 용액의 상태로서 입자의 직경은 1mμ(0.001μ)이하이며 전자현미경 분석한계의 크기이다.

(3) 콜로이드(colloid)

상기의 용존물질과 부유물질 사이의 분산질로서 대개 0.001~0.1μ의 직경을 가지며 보통 여과로서는 분리가 불가능하고 셀로판지나 초정밀여과(ultra filtration) 또는 투석분리로서 동물의 모공이나 인공박막으로 분리가 가능하다. 보통 현미경으로는 볼 수 없고 한외현미경(ultra filtration)으로 볼 수 있으며, 전자현미경으로 사진을 찍을 수 있다. 콜로이드의 특성은 다음과 같다.

① 틴들 현상(tyndall phenomena)
② 브라운 운동(brown motion)
③ 투석(dialysis)
④ 흡착 (adsorption)
⑤ 전기영동(electrophoresis)
⑥ 응석(엉김 : coagulation)
⑦ 염석

(4) 이외의 용어

- TSS(total suspended solids : 총부유성 고형물)
- TS(total solids : 총고형물 혹은 증발잔류물)
- VS(volatile solids : 휘발성 고형물질)
- IS(inorganic solids : 무기성 고형물질 또는 비휘발성 고형물질)

TS =	VS +	FS		(TSS : total suspended solids)
‖	‖	‖		(TDS : total dissolwed solids)
TSS =	VSS =	FSS		(VSS : volatile suspended solids)
+	+	+		(FSS : fixed suspended solids)
TDS =	VDS +	FDS		(FDS : fixed dissolwed solids)

(5) 총 고형물(total solids)

총 고형물이란 수중에 존재하는 용해성 고형물의 총량을 의미하는 것으로 시료를 105~110。C에서 2시간 기열 증발했을 때 남은 물질, 즉 물 속에 함유되어 있는 이물질 전체를 말하며, 이를 증발잔류물이라고도 한다.

3.1.7 수질오염과 미생물

수질시험에서는 조류, 동물과 같이 단지 현미경 또는 육안으로 고정 계측할 수 있는 생물군과 배양에 의해서 시험하는 세균류로 구분하고 있다. 하천에 유기물이 혼입하면 세균류가 현저하게 증식한다. 이들은 유기물을 분해하여 무기물로 변하게 하여 자정작용을 하는데, 인간이 이를 활용하여 미생물의 생육 조건을 인위적으로 조정한 후 활성화시켜 하수를 정화시키는 것이다. 수질오염에서 다루어지는 미생물은 주로 박테리아, 균류, 조류, 원생동물, 및 원생동물보다 약간 큰 고등동물인 슬러지벌레 등이 있다. 유기물은 미생물의 먹이(food)로 미생물의 성장활동에 에너지원을 제공하는데 주성분은 C(탄소), H(수소), O(산소)이고 부성분은 P(인), N(질소), S(황)이다.

(1) 박테리아(bacteria, 세균)

가장 간단한 식물로서 염록소가 없기 때문에 탄소동화작용은 못하지만 그 대신 용해된 유기물(soluble organics)을 섭취한다. 박테리아의 크기는 대략 0.8~5.0μ이며, 막대기 모양(rod share), 나선모양(spiral), 구형(spherical) 등이 있으며, 폐수처리에 있어서 가장 중요한 미생물이다. 약 80%가 H_2O, 약 20%가 고형물질이다.

(2) 균류(fungi)

균류는 효모(yeast), 사상균(mould) 등으로 탄소동화작용을 하지 않는 미생물이지만, 폐수 내에 질소와 용존산소가 부족한 경우에도 잘 성장한다. 폐수처리 과정에서 균류가 많이 발생하면, 유출수로부터 분리가 잘 안 되는데 이를 슬러지 벌킹(sludge bulking)이라 한다. 균류의 크기는 약 5~10μ이고, 대부분 호기성으로서 75~80%가 H_2O 이다. 슬러지팽화의 원인이 되기도 한다.

(3) 조류(algae)

조류의 특성은 염록소를 띠고 있는 단세포 또는 다세포 식물로서 탄소동화작용을 하며, 무기물을 섭취하고, 부영양화를 일으키고 수돗물의 갖가지 맛과 냄새를 유발시키는데, 플랑크톤으로 불린다. 조류는 광합성 시에 수중의 CO_2를 섭취하므로 수중의 CO_2 농도가 pH에 영향을 미친다.

$$\text{광합성}\ CO_2 + H_2O \rightarrow (CH_2O) + O_2$$

$$\text{호 흡}\ CH_2O + O_2 \rightarrow CO_2 + H_2O$$

(4) 원생동물(protozoa)

여러 종류가 있으며, 모두 호기성으로서 박테리아와 같은 미생물을 잡아먹는다.

(5) 슬러지 벌레(sludge worms)

미시적 무척추동물로서 담균층(rotifer), 갑각류(crustaceans) 등의 고등생물은 박테리아 및 원생동물로 구성되어 있는 슬러지를 먹이로 하며, 생물학적 폐수처리 과정이나 하천 등의 자연계에서 많이 볼 수 있다.

수질오염과 관련하여 여러 가지의 물질이 수중에 함유되어 있는 농도보다도 더욱 높은 농도가 되어 생물체 내에 축적된다는 현상이 있는데, 이를 생물농축이라 한다. 농축은 다음과 같은 식의 농축계수로서 그 정도를 나타낼 수 있다.

$$\text{농축계수(또는 비)} = \frac{\text{생물체중의농도}}{\text{환경수중의농도}}$$

3.1.8 질소순환(nitrogenous cycle)

암모니아성 질소($NH_3^+ - N$)은 비료로 토양 중에서 식물에 흡수되고, 식물은 동물의 먹이가 되고, 식물성단백질에 포함된 질소는 동물에 흡수되어 동물성단백질로 변하고, 흡수되지 않은 것은 배설물로 체외로 나온다. 사멸한 식물과 동물의 배설물도 부패로 분해되어 간단한 질소 화합물로 되고, 알부미노이드성 질소를 거쳐 무기질인 암모니아성 질소로 된다. 암모니아성 질소는 다시 산화되어 아질산성 질소($NO_2^- - N$)로 되며, 아질산성 질소는 다시 산화되어 질산성 질소($NO_3^- - N$)가 된다. 질산성 질소가 되면 질소의 제일 안전된 형으로 더 이상 질화되지 않으므로 최종생성물로 식물에 흡수되는데, 이와 같이 질소는 자연계에서 반복 순환한다.

수중의 질소화합물은 모두 하수, 공장폐수, 분뇨 등의 오염물의 혼합에 의한 것이므로 물의 오염정도를 추정하는 지표가 된다. 그러나 암모니아성 질소, 아질산성 질소, 질산성 질소의 순서로 오염되는 시간이 길므로 수중에 이들 성분이 포함된 상태에 따라 물이 오염된지 얼마나 되는가를 판단할 수 있다. 다음은 질소화합물의 상태에 따른 오염정도를 정리하였다.

① $NH_3^+ - N$: 근래에 오염되었음을 의미하며 병원균의 생존 위험도가 크다.

② $NO_2^- - N$: 오염물이 활발하게 분해되고 있음을 나타내며, DO의 소비량이 가장 많을 때이다. 활발한 분해지대에 속한다.

③ $NO_3^- - N$: 질소화합물의 분해가 종료단계이며, 하천수는 회복단계에 돌입한다.

3.1.9 미생물과 온도

호기성, 혐기성, 임의성 미생물은 각각 호기성, 혐기성 및 임의성 환경에서 성장하는 미생물이라고 할 수 있다. 즉 혐기성 미생물을 호기성 환경하에서 성장시킬 수는 없으며, 마찬가지로 호기성 미생물은 혐기성 환경에서 성장할 수 없다. 그러나 임의성 미생물은 호기성이나 혐기성 환경에서 성장할 수 있다.

(1) 미생물과 용존산소의 관계

DO(용존산소 : dissolved oxygen)는 물속에 용해되어 있는 분자성 산소를 말한다. 대체로 1기압에서의 용존산소 포화도는 수온이 증가할수록 낮아진다. 하천의 상류에서는 거의 포화에 가까운 용존산소가 있으나, 하류로 갈수록 하수나 공장폐수 등에 의해 오염되어 유기성, 부패물이나 기타 환원성 물질에 의해 BOD나 COD가 증대하고, DO는 소비되어 감소한다.

① 호기성(aerobic) 미생물은 용존산소가 있어야 생존한다.
② 혐기성(anaerobic) 미생물은 산소가 없어도 생존한다.
③ 임의성(facultative, 양성) 미생물은 산소의 유무에는 관계없이 생존할 수 있는 것을 말한다.

(2) 미생물과 온도의 관계

미생물과 온도는 매우 밀접한 관계가 있는데, 대체로 약 5~35℃에서 온도가 10℃증가함에 따라 미생물의 성장속도(반응속도)는 약 두 배로 증가된다. 이 온도 범위 내에서 잘 성장하는 미생물을 친온성 미생물이라고 하며, 만약 온도가 35℃이상이라면 효소(enzyme)가 분해되어 버린다. 그러므로 35℃이상의 환경에서는 친온성 미생물이 성장할 수 없다. 한편, 65℃나70℃까지 잘 성장하는 미생물은 친열성미생물이라고 하며, 0℃부근에서 잘 성장하는 미생물 친냉성이라고 한다. 이러한 구분을 그림으로 표시하면 그림과 같다.

3.1.10 미생물의 증식

(1) 유기물과 미생물성장 관계

미생물이 없는 상태는 유기물의 변화가 없으나 미생물에게 먹이(seeding)가 공급되면 미생물의 증가율은 변곡점에서 최대가 되고 그 후부터는 미생물의 성장이 시간이 경과함에 따라 감소한다, 또한, 유기물은 미생물의 영양분(food)으로 이용되어 미생물증가와 함께 감소한다. 변곡점까지의 미생물의 성장을 로그(log)성장 상태라 하고 변곡점 이후를 감소성장 상태라 하는데 미생물을 이용, 폐수를 처리할 경우 최대의 효율은 변곡점에 있다고 할 수 있으나 실제 처리장에서는 감소 성장상태 또는 다음의 내생성장 상태를 유지한다. 그 이유는 로그성장 상태에서는 유기물(오염물)의 섭취율은 높지만 분산성장(dispersed growth)으로 인해 미생물의 응결(floccu -lation)이 잘 안 되어 침전이 어려우나, 감소성장 상태로 갈수록 미생물이 서로 엉키는 생물학적 플록형성(biological flocculation)이 양호해지기 때문이다.

(2) 증식곡선

세균이나 원생동물 같은 단세포생물이 두 개의 낭세포로 분열하고 그것이 성장하여 다시 분열증식을 할 때까지의 시간을 세대기간(generation time)이라 하는데, 이는 미생물의 종류, 영양조건, 온도, 배양의 노력에 따라 영향을 받겠지만 영양조건이 동일하면 미생물의 유전형질에 따라 정해진다.

3.1.11 하천의 수질변화

수원이 하수나 기타 오염물질에 의하여 오염되었을 경우 물은 일련의 변화가 발생하게 되는데 변화가 일어나는 지역으로부터 유하거리 및 유하시간에 따라 Whipple은 분해지대, 활발한 분해지대, 회복지대, 정수지대의 4지대로 구분하였고, Kolkwitz와 Marson은 강부수성, α-중부수성, β-중부수성, 빈부수성의 4지대로 구분하고 있다.

3.1.12 호소 및 저수지의 수질오염

1 정체순환

겨울에 수면이 얼게 되면 얼음 자체의 온도는 얼음표면과 그 상부의 대기온도가 0℃이며, 수저는 4℃에서 최대온도를 갖게 되어 비교적 안정된 평형상태가 되는데, 이를 겨울철 정체라 하며, 결빙으로 인하여 바람에 의한 수면상의 교란이 없고 물이 연직 또는 수평방향으로도 움직이지 않는다. 봄이 되어 얼음이 녹으면 수면부근의 수온이 높아져서, 4℃에 도달하면 밀도가 최대로 되므로, 불안정한 평형상태가 되며, 하루 중의 온도변화나 바람에 의하여 연직방향의 순환이 일어나게 되는데, 이것을 봄의 순환이라 한다.

봄에서 여름이 되면 표면의 물은 점차로 따뜻해져서 가벼운 물이 밀도가 큰 물 위에 위치하게 되며, 온도차이가 커져서 순환현상은 점점 상부층의 물에만 한정되어, 제 2의 안정평형시기가 나타나는데, 이것이 여름철 정체이다. 가을이 되면 표면의 물은 수온이 내려가 평형은 다시 깨어져서 물은 더욱 더 깊은 곳까지 흔들리게 된다. 또한, 온도구배가 연직이 되면 물전체가 바람 때문에 순환하기 쉽게 되어서 가을철의 대순환이 일어나게 된다. 순환기 특히 가을철 순환같이 긴 순환기 중에 정수장을 갖지 않은 수도에서는 수질이 악화되는 경우가 자주 발생한다. 순환기 중에는 연직방향의 물의 혼합에 의해서 햇빛을 좋아하는 생물이 깊은 곳에서 수면으로 올라오므로 수면에는 이러한 생물이 번식하고 영양분도 상부수층에 많이 용해되어 있기 때문에 조류가 급격히 발생됨으로써 물에서 이상한 냄새, 맛이나 여과지를 막히게 하는 등 여러 가지 장해가 일어나므로 주의를 요하게 된다.

표 3.2 Whipple의 하천수질변화지대

지 대	변화과정
분해 지대	① 오염된 물의 화학적, 물리적 질이 저하된다 ② 고등생물이 오염에 강한 미생물로 교체되며 그 수가 증가한다. ③ 용존산소의 농도가 포화치의 45%로 감소된다. ④ 유기물을 많이 함유하는 슬러지의 침전이 증가한다. ⑤ CO_2가증가하며, pH가 낮아진다. ⑥ 분해가 심해짐에 따라 곰팜이류가 심하게 번식한다. ⑦ 분해지대는 희석이 잘되는 큰 하천보다 희석이 덜되는 작은 하천에서 뚜렷이 나타난다.
활발한 분해지대	① 용존산소가 거의 없거나 아주 없으며, 혐기성 상태로 된다. ② H_2S, NH_3 등 혐기성 가스로 인하여 물에서 악취가 발생한다. ③ 흑색 및 점성질의 슬러지가 생성되며 심한 탁도를 유발한다. ④ 하상으로부터 혐기성 기포가 수면 위로 떠오른다. ⑤ 완전히 부패상태가 되면 사상균이 증가하고 균류(fungi)는 사라진다. ⑥ pH가 낮아진다.
회복 지대	① 혐기성균으로부터 호기성균의 교체가 이루어지며, 세균의 수가 감소한다. ② 회복단계는 장시간에 걸쳐 일어난다. ③ 점성질의 슬러지는 침전물이 구상으로 변하고 기포발생도 감소한다. ④ DO, NO_2-N, NO_3-N의 농도가 증가한다. ⑤ 원생동물, 윤충, 갑각류가 번식하기 시작한다. ⑥ 청·녹조류가 출현하기 시작하며, 하류로 내려갈수록 규조류가 나타 난다. ⑦ 빨간지렁이 및 조개류나 벌레의 유충이 번식하며, 내성이 강한 생무지, 황어, 은빛 담수어 등이 자란다. ⑧ pH가 다시 상승한다.
정수 지대	① 용존산소량이 풍부하며, pH가 정상이다. ② 다종, 다수의 물고기가 성장한다. ③ 물의 탁도 및 색도가 거의 사라지며, 냄새가 없다 ④ 대장균 또는 병원성 세균 등이 거의 없다. ⑤ 자연수와 수질이 거의 같다.

표 3.3 Kolkwitz Marson의 4지대

수역별 구분	강부수성수역	α 중부수성수역	β 중부수성수역	빈부수성수역
분류	고등생물이 살수 없는 강한 부패수역으로 수질도에 빨간색으로 표시	강한 오염수역으로 수질도 노란색으로 표시	상당히 오염된 수역으로수질도에 초록색으로 표시	오염되지 않는 수역으로 수질도에 파란색으로 표시
DO	전무 또는 극소	약간 있다.	어느 정도 있다.	많다.
BOD	매우 높다.	높다.	낮아진다.	낮다
수중박테리아	대량 존재	아직 많다.	감소한다.	적다.
서식생물의 생태학적특징	동물은 예외 없이 거의 모두 박테리아 섭식자, pH 변화에 강하고 소량의 산소에도 참는 혐기성 생물, 부패독에 대한 강한 저항.	동물에는 박테리아 섭식자가 아직 우선적이나 그 외 육식동물도 늘어난다. pH 및 산소변화에 대하여 높은 적응성을 나타낸다.	pH 및 산소의 변동에 대하여 굉장히 약하다. 부패독에 장기간 견딜 수 없다.	부패성 오탁에 대단히 약하다. pH 변동, 산소변화에 약하다.
식물	규조, 녹조, 접합조 및 고등식물은 출현 안한다.	조류가 대량발생, 남조, 녹조, 접합조, 규조가 출현한다.	규조, 녹조, 접합조의 많은 종류가 출현, 고조류의 주요 분포	수중의 조류는 적다. 단, 착색 조류는 많다.
동물	주로 미세한 것이며 원생동물이 우세하다.	아직 미세한 것이 대다수를 차지한다.	다종다양하게 된다.	다종 다양
원생동물	아메바류, 편모충류, 섬모충류가 출현, 태양충류, 흡관충류는 출현 안함	태양충, 흡관충류가 가끔 나타난다. 쌍편모충은 아직 출현 안함	태양충, 흡관충류의 오탁에 약한 종류가 출현, 쌍편충류도 출현한다.	편모충, 섬모충류는 소수 나타날 뿐이다.
후생동물	윤충, 연행동물, 곤충, 유충이 소수 출현하는 정도로 히드라, 담수해면, 소태류, 소형갑각류, 패류, 어류는 생성 안한다.	담수해면 및 소태동물은 아직 출현 안한다. 패류 갑각류, 곤충이 출현한다. 어류중 잉어, 붕어, 메기 등은 출현 안한다.	담수동물 히드라, 소태동물, 패류, 미세한 갑각류, 곤충의 많은 종류가 출현, 어류도 많은 종류가 출현한다.	곤충, 유충의 종류가 많다. 그 외 각종의 동물이 출현하다.

2 수층 운동

호소나 저수지의 수질은 하천과 비교하면 큰 차이가 있다. 탁도나 오염성 세균류는 하천에 비교하여 훨씬 적지만 플랑크톤이 다량으로 발생하며 용해성 철, 망간, 유화수소 등이 검출되며 수직적인 수질차이를 보이는 것이 특징이다. 이를 정리하면 다음과 같다.

(1) 수온약층

호소나 저수지에서 수온이 급격히 변화하는 심수층과 표수층 사이를 수온약층이라 한다.

(2) 밀도류

하천수의 밀도는 주로 온도에 의해 지배되므로 유입심도는 유입수의 온도와 호수의 온도 성층에 의해 결정된다. 일반적으로 하천수의 유입은 봄에는 표층, 여름에는 중층, 가을에는 심수층에 유입된다(계절에 따른 온도차이).

(3) 전도(turn over)현상

호소의 성층화는 수심에 따른 온도변화로 인해 발생하는 물의 밀도차에 의해 일어나며, 바람에 의해 더욱 가속화되어 봄, 가을에 물의 밀도가 가장 크게 되어 수저로 내려가며, 수저의 물은 수면으로 올라와 수직운동(turn over, 전도현상)을 하게 된다. 전도현상이 발생하면 호소 및 저수지수에는 다음과 같은 현상이 발생한다.

① 물의 탁도가 높아진다.
② 부영화를 촉진시킨다.
③ 조류를 다량으로 번식시킨다.
④ 호소 및 저수지내의 수질이 평균화된다.

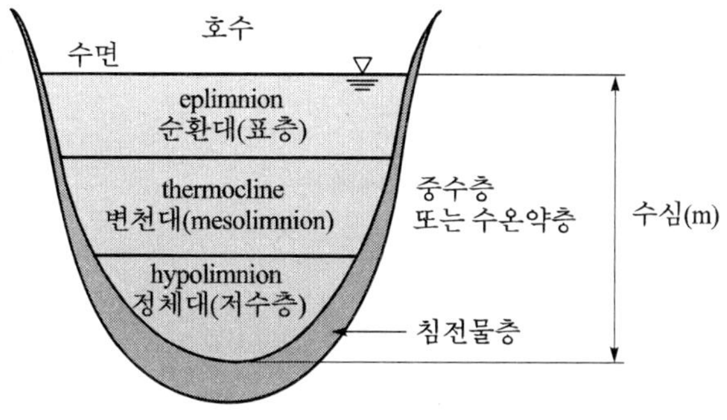

그림 3.1 호소 및 저수지의 성층현상

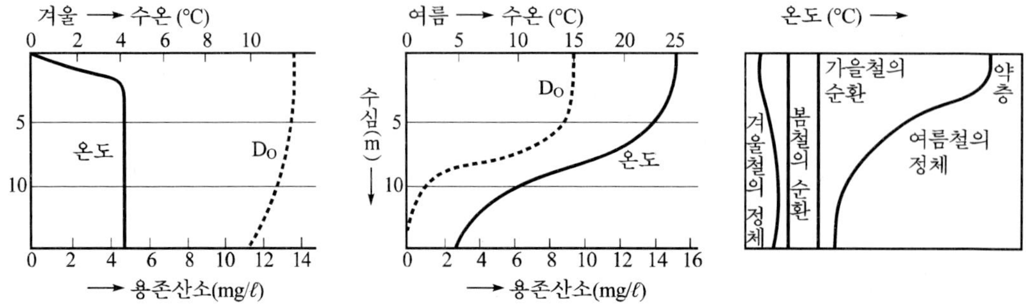

그림 3.2 수심에 따른 계절별 온도변화

3 수화 현상

① 수화를 형성하는 조류

호소 및 저수지에서 특정 조류가 이상으로 번식한 때에는 물의 색이 번식한 조류의 특유한 색으로 변화하고 또 수면에는 얇은 피막 또는 조류가 부상하는데, 이러한 상태를 수화(Water bloom)라고 한다. 편모조류, 남조류, 규조류 등 다종류에 걸쳐 조류에 이상 번식이 있지만 가장 문제가 되는 것이 남조류에 의한 수화이다. 남조류는 폭발적으로 증식하면서 수면에 메트(mat)상의 스컴(scums)을 형성하고 수색을 청록색으로 변화시킨다. 해수 중의 조류의 이상번식으로 물의 색이 적색 또는 갈색으로 되는 것이 많으므로 적조라 하지만 최근에는 호소나 댐에서 물의 색이 편모조류의 증식에 의해 적색 또는 갈색으로 되는 경우도 많으며, 이를 담수적조라 부른다.

② 수화의 소멸

일반적으로 수화는 수일사이에 급격히 소멸하는데, 수화의 소멸원인으로는 조류세포가 재생능력을 잃고 세포수가 자기분해에 의해 감소할 때와 세균, 곰팡이, 다른 조류와 함께 원생동물 등에 의해 증식저해나 포식에 의할 때 등 2가지 원인이 있다. 그리고 조류가 분해하면 세포 중의 탄소, 질소, 인 등이 용출하고 또 다량의 산소를 소비하는 것이다. 녹조류(크로렐라, chlorella)는 그 크기가 직경 3~10μ인데, 수중에 구리(Cu)가 존재할 때 발생하기 쉽다. 녹조류가 다량으로 존재하는 물을 먹으면 맛이 나쁘고 설사하기 쉽다.

3.1.13 물의 자정작용

하천이나 호수에 생활하수나 공장폐수를 방류하였을 때 그 유입지점의 수질은 악화되지만 시간이 지남에 따라 수질이 서서히 양호해져서 원래의 상태로 회복되는 현상을 자정작용(self purification)이라고 한다. 자정작용은 자연의 재생작용으로서 물리적, 화학적, 생물학적인 3가지 작용이 상호연관해서 장시간, 장거리 또는 넓은 공간에서 정화가 행해지는 것이다. 일반적으로 하천 등의 자정작용은 물리적 자정작용이나 화학적 자정작용보다는 미생물 등에 의한 생물학적 자정작용이 주요한 역할을 한다. 자정작용은 겨울보다는 여름이 더 활발하며, 수심이 얕고 급류인 하천, 하상이 자갈, 돌, 모래질인 하천 등은 공기와 잘 접촉하므로 강한 자정작용을 한다. 인공적인 정화법은 이러한 여러 작용을 단시간에 작은 공간에 의하여 인공적으로 행하는 것이다.

(1) 물리적 작용

물리적 작용으로는 희석, 확산, 혼합, 침전, 흡착, 여과 등으로 수중 오염 물질의 농도가 저하하거나 포기에 의해서 공기 중의 산소가 용해하여 유기물의 분해가 촉진된다. 자정작용 중 침전은 가장 큰 요소를 차지하며 물리적 작용 중 주된 것이다.

(2) 화학적 작용

물속의 산소에 의해서 용해되어 있는 즉, 용존산소에 의해서 철(Fe)이나 망간(Mn) 등이 수산화물로 되어 자연적으로 응집된 후 침전되는 것으로서 이를 산화(oxidation)라고 한다. 화학적 작용으로는 순수한 공기 중에서 흡수된 산소에 의한 산화 또는 오염물질의 분해에 의하여 생기는 탄산가스가 물의 pH를 높여 수산화물의 생성이 촉진되어 자연적으로 응집이 진행된다.

(3) 생물학적 작용

생물학적 작용은 물의 자정작용에서 가장 중요한 위치를 차지하고 있는 것으로, 자정작용의 진행을 좌우하는 외적 환경조건으로 중요한 것은 온도, pH, DO, 햇빛 등이 중요한 원인이다. 호기성 분해인 산화, 혐기성 분해인 환원에 의해서 정화가 된다. 자정작용이 잘되려면 다음과 같은 조건을 가져야 한다.

① 수온이 높을 것.
② 하천의 유속이 급류일 것,

③ 하천의 수심이 얕을 것.

④ 하상이 자갈, 모래 등으로 하상구배가 클 것.

자정작용의 진행속도는 실제 중요한 문제로 DO의 시간적 변화나 BOD 또는 COD의 시간적 제거율을 조사하여 추정한다. BOD의 시간적 변화를 표시하는 데는 다음 식이 있다.

$$L_t = L_0 \cdot 10^{kt}$$

여기서, L_t : t일 경과했을 때의 BOD(ppm)

L_o : 최초(t=0)의 BOD(ppm)

k : 탈산소계수(ℓ/day)

t : 경과시간

$$\mathrm{f} = \frac{K_2}{K_1}$$

여기서, f : 정계수

K_1 : 탈산소계수(ℓ/day)

K_2 : 재포기계수(ℓ/day)

실무예제 3.1

남한강 지류 하천의 재포기(reaeration) 계수가 0.2/day, 탈산소 계수가 0.1/day이면 이 하천의 자정계수는?

풀이

$$자정계수 = \frac{k_2}{k_1} = \frac{0.2}{0.1} = 2$$

실무예제 3.2

하수종말처리장에서 배출하는 하수의 최종 BOD가 5일 BOD의 1.8배라면 상용대수(밑수 10)를 사용할 때의 탈산소 계수는 약 얼마인가?

풀이

$L_t = L_a(1 - 10^{-k_1 t})$에서 $\frac{1}{1.8} = 1 - 10^{-5k_1}$ 이므로

1을 이항하면 $0.44 = 10^{-5k_1}$

양변에 로그를 취해주면 $\log 0.44 = -5k_1 \cdot \log 10 \quad \therefore k_1 = 0.07\,\mathrm{d}^{-1}$

3.1.14 부영양화

호수에 있는 조류의 번식에 영양이 될 물질(주로 질소와 인)이 유입하여 조류가 번식하고 이 조류가 죽어서 부패하여 그 구성성분이 물 속에 녹아 들어가서 조류의 번식을 더욱 증가시킨다. 이러한 과정을 반복하게 되면, 호수에 영양염류가 증가하여 자연호수 연안부의 수생식물 무성해지고 호수는 투명도가 저하하며 플랑크톤(plankton)의 증가와 종의 변화가 일어나며 호수의 저층부에 용존산소가 감소하는 등의 현상이 발생한다. 부영양화가 일어나면 산소가 결핍되어 어류의 생활환경이 악화되며, 광합성에 의하여 대량으로 증식된 조류가 죽어 세균이 이를 분해하기 위하여 다량의 용존산소를 소비하기 때문에 일어난다. 부영양화(eutrophication)가 발생한 물을 상수도원으로 사용할 경우 악취가 나며 투명도는 낮게 나타나고, 부영양화 현상이 계속되면 생태계가 파괴되어 마침내 죽음의 호수가 된다. 부영양화를 나타내는 지표로서는 산소나 인의 농도가 이용되며, 각각 0.2~0.3mg/ℓ 및 0.01~0.02mg/ℓ 정도이다. 부영양화된 호소 및 저수지의 특성은 다음과 같다.

① COD가 낮다.
② 수심이 낮은 곳에서 나타나며, 일단 부영양화가 진행되면 회복되기 어렵다.
③ 투명도가 저하된다.

부영양화 현상의 방지 및 제거 대책은 다음과 같다.

① 인이 함유된 합성세제의 사용을 금할 것.
② 조류의 이상번식시 황산구리($CuSO_4$)또는 활성탄의 투입으로 제거할 것.
③ 하수 내 영양원인 질소(N), 인(P)를 제거하기 위한 폐수의 3차 처리를 할 것.

최근에는 우리나라의 경우 한강 등 4대강의 하류부에서도 부영양화가 진행되는 경우가 빈번하여 이에 대한 대책 또한 시급한 실정이다.

3.1.15 적조현상

적조(red tide)현상은 산업폐수나 도시하수의 유입에 의한 해역의 부영양화가 기반으로 되어 해수 중에서 부유생활을 하고 있는 식물성플랑크톤이 단기간에 급격히 증식한 결과 해수가 적색 또는 녹색으로 변하는 현상이다. 우리나라에서도 아산만, 진해만 등 여러 곳에서 볼 수 있는 현상이다. 적조가 자주 발생하는 곳은 일반적으로 해수의 수질 안정도가 크며, 일조량과 무기영양염류가 충분한 곳이다. 적조현상의 영향원이 되는 질소나 인의 주요 배출원이 바로 생활하수이므로 육상에서의 하수도나 하수처리장의 정비 등의 대책을 잘 해야 한다. 적조현상에 대한 대책은 다음과 같다.

① 질소나 인의 유입감소에 의한 부영양화의 억제
② 준설 등에 의한 연안수역의 저면의 정화
③ 공유수면 매립의 제한

3.1.16 용존산소(DO ; dissoived oxygen)

수중에는 대기 중으로부터 녹아든 산소, 조류의 광합성에 의한 산소, 미생물 또는 유기물 등에 구성되어 있는 결합상태의 산소가 있다. 용존산소(DO)는 수중에 용해되어 있는 산소를 말하며, 수중에 염류의 농도가 증가할수록, 온도가 높을수록 DO포화도는 감소한다. DO는 수중생물의 생육과 밀접한 관계가 있으며, BOD의 증가로 급속하게 감소될 때가 있다. 물 속에 녹아있는 산소를 용존산소, 공기를 물 속에 주입시키는 것을 포기(aeration)라 한다. 용존산소의 농도는 물의 온도와 기압 및 불순물의 농도에 따라 달라지며, 자연에 존재하는 대부분의 물은 고요한 상태를 유지할 수 있지만, 환경조건에 따라서 바람 등의 영향으로 수면이 고요하지 않고 난류상태(turbulence)가 생길 경우에 대기 중의 산소는 물 속으로 녹아 들어간다. 이렇게 대기 중의 산소가 물 속에 녹아 들어가는 것을 전달이라고 하며, 그 율을 전달률이라고 한다. 수중 어패류에 대한 용존산소의 최소 생존농도는 5ppm 이상이며 DO가 2ppm이하가 되면 악취가 발생하기 시작한다. 하천수에서의 용존산소와 자정작용의 관계는 자정작용의 진행에 대하여 재포기, 탈산소(산소의 소비)에서 발생하는 산소량의 수지라는 점에서 산소평형이 유지되는가가 문제이다. 재포기가 탈산소보다 우세하면 산소평형이 보전되어 자정작용이 진행되지만, 반대의 경우 평형이 깨어져서 물이 부패상태로 된다. 용존산소(DO)의 부족곡선식(oxygen sag curve)은 하천에 BOD물질이 유입되고 재포기가 일어나 물의 이동에 따라 용존산소 부족량의 단면도이며 숟가락모양(spoon-shaped)을 이룬다. 이 곡선을 용존산소 부족곡선이라 하며, 산소부족량(oxygen deficit)이란 주어진 수온에서 포화산소량과 실제 용존산소량과의 차이를 말한다.

재포기율은 직접 산소부족량에 따라 변하므로 산소부족량을 종축, 시간을 횡축으로 하여 곡선을 그린 것을 용존산소곡선이라 하는데, 용존산소곡선(DO sag curve)의 특성은 다음과 같다.

① 수면의 교란상태가 클수록, 수온이 낮을수록, 수압이 높을수록, 기압이 낮을수록 용존산소는 증가한다.

② 하천의 유량, 하천의 유속, 하상의 구배, 유입되는 BOD의 양에 따라 달라진다.

③ 아황산염, 아질산염, 제1철염, 황화합물 등의 무기화합물이 하수 중에 다량 존재하여도 DO는 감소한다.

여름철에 천천히 흐르는 하천은 수온이 높고 포기율이 낮아 용존산소가 낮은 반면 온도는 높아서 미생물 번식이 커 용존산소 소모량이 많아 유기물을 함유하는데 폐수가 혼입하면 용존산소농도가 떨어져서 혐기성 상태가 될 가능성이 크다.

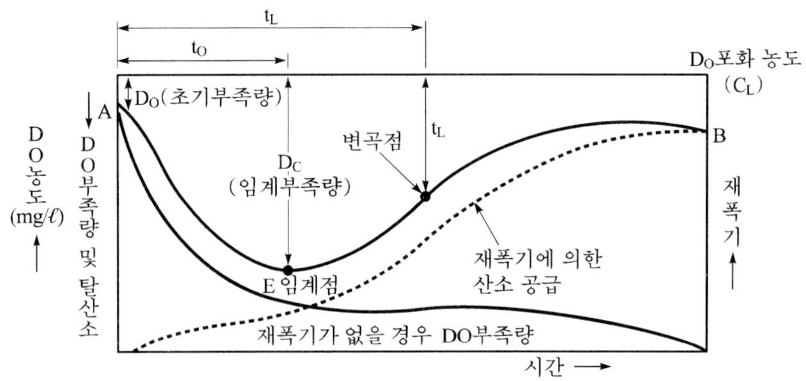

그림 3.3 용존산소 부족곡선(DO sag curve)

용존산소 부족곡선은 다음과 같은 특징을 보여준다.

① **임계점**(臨界點, Critical point) : 용존산소가 가장 부족한 지점

② **변곡점**(變曲點, Point of Inflection) : 산소 복귀율(회복속도)이 가장 큰 지점

③ 유하시간에 따른 용존산소 부족 곡선식에 대한 수학적 해석은 Streeter와 Phelps에 의하여 행하여졌으며 그 결과는 다음과 같다.

$$D_t = \frac{k_1 \cdot L_0}{k_2 - k_1}\left(10^{-k_1 \cdot t} - 10^{-k_2 \cdot t}\right) + D_0 \cdot 10^{-k_2 \cdot t}$$

여기서, L_0 : 하천혼합수의 초기 극한 BOD

D_0 : 하천혼합수의 초기 DO

④ 임계점에서 가장 낮아졌다가 유기물질의 분해 때문에 다시 상승한다.

3.1.17 생화학적 산소요구량(BOD: biochemical oxygen demand)

BOD란 일반적으로 수중의 미생물이 호기성 상태에서 유기물을 분해하여 안정화시키는데 요구되는 산소량으로서 수중의 유기물의 함량을 간접적으로 나타내는 방법이다. 그러므로 BOD란 생물화학적 산소요구량을 의미하며 하천의 오염도를 나타내는 값으로 하수가 부패되는 것을 방지하기 위해 필요한 산소의 양을 말한다. 즉 호기성 미생물이 유기물을 분해 섭취하여 세포를 합성하는데 필요한 산소의 양을 말한다. BOD값은 폐수나 물의 유기물의 오염정도를 표시하기 위하여 가장 많이 사용되는 지표로서 BOD의 측정은 시료수를 20℃의 암실에서 5일간 배양했을 때 소비된 용존산소(DO)량으로서 표시한다. 그림 3.3의 BOD곡선에서 1단계 BOD는

탄소화합물을 호기성 조건에서 미생물에 의해 분해시키는데 필요한 산소량을 나타내고, 2단계 BOD는 질소화합물을 호기성 조건에서 미생물에 의해 분해시키는데 필요한 산소량을 나타낸다.

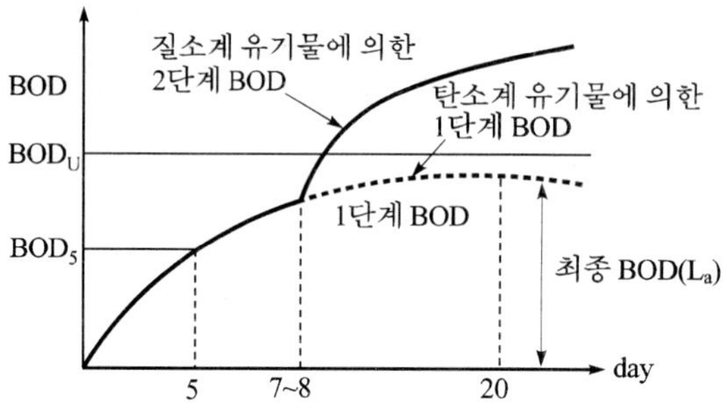

그림 3.4 BOD곡선

BOD 잔존량을 나타내는 식은 다음과 같다.

$$L_t = L_a \cdot 10^{-k_1 \cdot t}$$

여기서, L_t : t일 후의 잔존 BOD

L_a : 최초 BOD 또는 최종 BOD(BOD_u)

k_1 : 탈산소계수(day^{-1})

BOD소모량을 나타내는 식은 다음과 같다.

$$Y = L_a(1-10^{k_1 \cdot t})$$

여기서, Y : t일 동안에 소비된(분해된) BOD(t일간의 BOD)

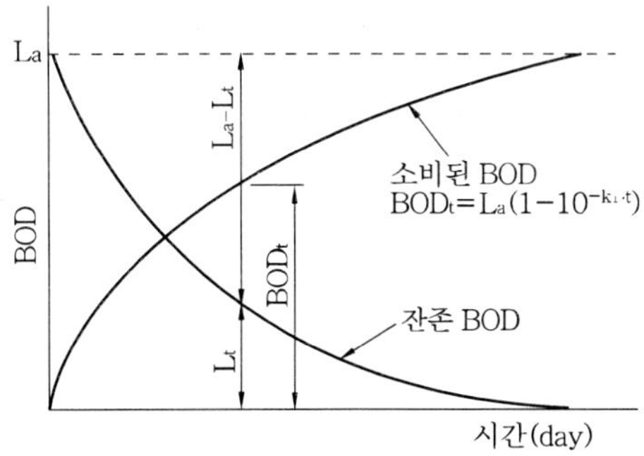

그림 3.5 소비된 BOD(Y)와 잔존 BOD(L_t)의 관계

실무예제 3.3

탈산소계수가 0.1/day인 남한강의 지류하천 어떤 지점에서의 평균 BOD가 30ppm(L_a) 이었다. 그 지점에서 3일 흐른 후의 잔존 BOD는?

풀이

잔존 BOD$= 30 \times 10^{-0.1\times 3} = 15.04 \text{ mg}/l$

실무예제 3.4

하수종말처리장에서 배출하는 하수의 20℃, 5일 BOD가 200mg/ℓ 일 때 최종 BOD에 가장 가까운 값은 다음 중 어느 것인가? (단, 자연대수(e)를 사용할 때의 반응계수 k=0.20/day)

풀이

$200 = L_a(1-e^{-0.2\times 5})$ 에서 $\therefore L_a = \dfrac{200}{1-e^{-1}} = 316.4\text{mg}/l$

실무예제 3.5

K_1=0.1(base 10)인 하수종말처리장으로 유입되는 폐수의 20℃ BOD가 250mg/ℓ 일 때 1일 BOD와 BOD_U를 구한 값은?

풀이

$L_5 = L_a(1-10^{-k_1 t})$ 에서 $250 = L_a(1-10^{-0.1\times 5})$

$\therefore L_a = \dfrac{250}{1-10^{-0.5}} = 365.62\text{mg}/l$

1일 BOD $L_1 = L_a(1-10^{-k_1 t}) = 365.62(1-10^{-0.1\times 1}) = 75.2\text{mg}/l$

3.1.18 화학적 산소요구량(COD : chemical oxygen demand)

BOD와 더불어 주로 유기물질을 간접적으로 나타내는 지표로서 산화제($KMnO_4$, $K_2Cr_2O_7$)를 주로 이용, 수중의 피산화물을 산화하는데 소요된 산화제의 양을 산소량으로 환산한 값으로 ppm 단위로 표시한다. 일반적으로 공장폐수는 유해물질을 함유하고 있어 BOD 측정이 불가능하므로 COD로서 측정하는데, COD는 단시간(1~3시간)에 측정이 가능하다는 장점이 있다. 일반적으로 COD값은 BOD값보다 크게 나타난다. COD의 특성을 정리하면 다음과 같다.

(1) COD는 BOD시험이 5일이 걸리는 것과는 달리, 2시간으로 측정 가능하므로, BOD값을 모르는 폐수를 위하여 COD시험이 채택된다.

(2) COD는 화학적으로 산화 가능한 유기물을 산화시키기 위한 산소요구량이다.

(3) 화학적으로 산화시키기 위해 필요한 산소량은 미생물에 의해서 산화시키기 위한 산소요구량보다 그 크기가 같거나 커야 한다.

(4) COD가 BOD보다 큰 경우에는 그 유기물이 생물학적으로 분해 불가능한 물질을 어느 정도 함유하는 것을 의미하거나 미생물에 독성을 끼치는 물질을 함유하는 상태라고 생각할 수 있다.

(5) BOD가 COD보다 큰 경우에는 BOD시험 중에 질산화가 발생하였거나 혹은 COD시험에 방해되는 물질이 폐수 내에 있음을 뜻한다.

(6) 중크롬산칼리로 유기물을 완전히 산화시키기 위해서 시료를 강산으로 처리한 후 고온으로 가열시킨다. 가열 도중 휘발성 물질이 외부로 빠져나가지 않도록 냉각기를 부착시켜 가열시킨다.

(7) 분자량이 적은 지방산은 잘 산화되지 않으므로 수은이온을 미리 강한 황산에 가하여 사용한다.

(8) 염소이온에 의한 방해를 감소시키기 위해 황산은($AgNO_3$)이나 질산은($AgNO_3$)를 가하여 AgCl로 침전시킨다.

(9) 중크롬산칼리의 반응에 영향을 주는 인자는 가열온도, 가열시간, 산농도, 중크롬산칼리 농도, 검수중의 피산화성 물질의 농도 등이다. 가열시간이 갈수록 COD값은 증가하나

대개의 경우 2시간 정도로 평형치에 도달하며, 황산의 첨가량이 부족하면 COD값은 감소한다. 중크롬산칼리량을 증가시키면 반응속도가 증가하므로 COD값은 커진다.

표 3.4 BOD와 COD비교

	BOD	COD
시험 기간	5일	1~3시간
상대적인 크기	같거나 작다	같거나 크다
채 택	하천이나 도시하수	공장폐수나 해수의 오염지표
기 타	미생물에 의해 산화시키는 산소요구량	화학적으로 산화 가능한 유기물을 산화시키기 위한 산소요구량

3.1.19 합성세제

합성세제는 활성기의 이온성에서 음이온, 양이온, 비 이온으로 분류되나, 이 중 음이온계가 가장 많이 생산되어 가정이나 공업에서 세제의 대부분을 차지하고 있으며, 합성세제(ABS, alkyl benzene sulfonate)소다가 대표적이다. 이 ABS는 안정한 화합물이기 때문에 하천이나 지중에 들어가도 언제까지나 분해되지 않고 그대로 수돗물이나 정호수에 침입하기 쉽다. 미량(0.5ppm이상)에서도 물을 거품지게 하는 성질이 있고, 많아지면 물에 취미를 주고, 응집처리를 곤란하게 하며, 20ppm을 넘으면 활성슬러지가 악영향을 받고 소화처리는 10ppm에서 지장이 있다고 알려져 있다. 그리고 종류에 다라 서로 다르나 다량으로 되면 어류에 유해하고, 수중에 ABS가 용존하면 재포기 효율이 떨어져 간접적으로 자정작용을 저해한다.

(1) 합성세제가 폐수처리에 미치는 영향

활성슬러지 처리장의 포기조에서의 발포현상으로 포기효율을 저하시키고, 폐수처리 효율을 감소시키며, 그리스(grease)와 오일(oil)의 유화로 인하여 BOD부하를 증가시킨다. 혐기성 소화조에서는 합성세제가 슬러지농도의 1% 이상일 때에는 가스발생률이 감소된다.

(2) 합성세제가 수중생태계에 미치는 영향

세제에 포함된 인은 질소와 함께 식물의 성장을 촉진하는 영양소이므로 물을 부영양화시키고 조류를 대량 번식하게 된다. 대량 번식한 조류와 사멸한 조류의 부패로 인해 상수원 및 기타 수질을 악화시키고, 어류를 멸종시킬 수 있다. 또한 세제에 함유된 계면활성제는 고체와 액체의 경계면인 바닥에서 활발하게 작용하여 저니를 재부상시킴으로써 수중의 탁도를 증가시키고, 이로 인해 저감된 광투과성은 불량한 광합성현상으로 나타난다. 또한 기체와 액체 경계면에서도 기체전달의 방해, 햇빛의 산란 등을 유발한다.

(3) 합성세제가 용수이용에 미치는 영향

정수처리시에 응집 및 침전에 대한 방해작용이 있는데, 즉 유지의 유화, colloid 응집에 대한 방해, 부상 등 바람직하지 않은 작용을 한다. 또 합성세제에 포함된 인산과 정수장의 응집제간의 반응 때문에 응집제의 투입소요량을 증가시킨다.

3.1.20 확산에 의한 오염물질의 희석

일정한 수질의 오수가 하천에 유입할 때 하천의 하류에 완전 혼합되면 하류지점에서의 합류 후 농도(C_m)는 다음식과 같다.

$$\therefore\ C_m = \frac{C_1 \times Q_1 + C_2 \times Q_2}{Q_1 + Q_2}$$

여기서, C_1 : 합류전 오수의 농도(mg/l)

C_2 : 합류전 하천수의 농도(mg/l),

Q_1 : 합류전 오수의 유량(m^3/day)

Q_2 : 합류전 하천수의 유량(m^3/day)

실무예제 3.6

유량 30,000m^3/day, BOD 2ppm인 남한강의 지류하천에 배수량 2,000m^3/day, BOD 400ppm인 오수를 방류하여 즉시 균등하게 혼합된다면 하천의 BOD는?

풀이

하천의 혼합후 BOD 농도$= \dfrac{2 \times 30{,}000 + 400 \times 2{,}000}{30{,}000 + 2{,}000} = 26.88\text{ppm}$

3.2 음료수 수질 기준

음료수의 수질을 분석하는 주된 이유는 인체에 해로운 오염물이 존재하는가를 파악하기 위함이다. 음료수는 인체에 질병을 일으킬 수 있는 각종 오염물을 함유하며, 그 중 중요한 것은 미생물이나 중금속, 살충제 등의 독성물질을 들 수 있다. 수인성 전염병(water-borne epidemics)은 수중에 존재하는 원생동물, 박테리아, 바이러스 등의 미생물에 의해서 발생하는데 중요한 것을 몇 가지 들면 장티푸스, 파라티푸스, 아메바성 및 박테리아성 이질, 위장염, 전염성 간염, 디스토마, 콜레라 등이 있다. 이들 수인성 전염병은 다음과 같은 특성을 가지고 발생한다.

① 환자가 도시 전역에서 발생한다. 예외로 수원이 여러 개의 우물이고 그 중 한 우물만 오염된 경우에는 그 우물을 사용하는 지역에서만 발생한다.
② 모든 계층과 연령에서 발생한다.
③ 소화기 계통의 고통이나 설사가 전염병 발생 전이나 혹은 발생과 동시에 나타날 경우에는 그 전염병이 수인성이라는 증거는 확실하다.

3.2.1 미생물에 관한 기준

일반세균은 대체로 한천배지에서 무리를 형성할 수 있는 세균을 말하며, 검수 1ml중 100을 넘지 말아야 한다.

대장균군(coliform group)은 대장균 및 이와 유사한 성질을 가진 균의 총칭이다. 세균학상으로는 "대장균은 그람음성, 무아포성, 간균으로 유당을 분해해서 산과 가스를 생성하는 모든 호기성 또는 혐기성균을 말한다"고 정의하고 있다. 이와 같은 정의에 따라 다음 2종류로 나눌 수 있다.

① **박테리아 콜리**(bacteria coli)

1886년 Escherichia가 발견됐는데, 이 균은 분뇨성 대장균으로 인체에는 유해하지 않으며, 동물의 배설물 중에서 대체적으로 발견되기 때문에 병원성 세균의 존재 추정이 가능하고 검출이 쉽고 병원균보다 염소살균에 저항이 크기 때문에 세균의 지표(indicator)로 많이 이용된다. 따라서, 수중에서 대장균이 검출되면 배설물로 오염되었다는 것을 뜻하고 배설물 내에 존재하는 병균이 있을 수 있다는 가능성을 나타낸다.

② **박테리아 애로지네스**(bacteria aerogenes)

초원이나 논밭의 토양 중에서 발견되는 것으로 분뇨의 오염과는 관계가 없고, 인간의 장내에서도 발견되지만, 그 수는 E. Coli와 비교하면 극히 작은 것으로 문제가 되지 않는다.

3.2.2 음용수의 수질기준

음용수의 수질은 크게 생물학적, 물리학적, 화학적 및 방사능학적으로 나눈다. 생물학적, 화학적 및 방사능학적 기준은 건강상의 위해를 제거하기 위해 설정되었으나, 물리적인 기준은 미관과 기분상(aesthetic)의 기준이다.

3.2.3 수질검사

정기 수질검사는 급수전 물에 관하여 1일 1회 이상 행하는 매일검사, 대략 1개월마다 1회 행하는 매월검사 및 원수에 관하여 적어도 분기 1회 행하는 분기검사가 있다.

(1) **매일검사** : 외관, 잔류염소, 탁도, 알칼리도, pH 등 필요에 따라서 기타 검사를 행한다.

(2) **매월검사** : 암모니아성 질소, 아질산성 질소, 질산성 질소, 여소이온, 시안이온, 과망산칼륨소비량, 일반세균, 대장균군, 수은, 유기인, 동, 망간, 아연, 납, 6가크롬, 비소, 불소, 페놀류, 음이온 활성제 등 22개 항목을 검사한다.

표 3.5 음용수의 수질기준

항목	기준	
① 미생물에 관한 기준	㉮ 일반세균 1cc 중 100개 이하 ㉯ 대장균군 50cc 중 검출되지 않을 것.	
② 건강상 유해 영향 무기물질에 관한 기준	㉮ 납 0.05mg/ℓ 이하 ('94년 7월 1일 개정)	
	㉯ 불소 1mg/ℓ 이하	㉰ 비소 0.05mg/ℓ 이하
	㉱ 세레륨 0.01mg/ℓ 이하	㉲ 수은이 검출되지 않을 것
	㉳ 시안이 검출되지 않을 것	㉴ 6가크롬 0.05mg/ℓ 이하
	㉵ 암모니아성 질소 10mg/ℓ 이하	㉶ 질산성 질소 10mg/ℓ 이하
	㉷ 카드뮴 0.01mg/ℓ 이하	

항목	기준
③ 건강상 유해 영향 유기물질에 관한 기준	㉮ 페놀 0.005mg/ℓ 이하 ㉯ 총 트리할로메탄 0.1mg/ℓ 이하 ㉰ 다이아지논 0.02mg/ℓ 이하 ㉱ 파라티온 0.06mg/ℓ 이하 ㉲ 말라티온 0.25mg/ℓ LD하 ㉳ 페니트리티온 0.04mg/ℓ 이하 ㉴ 카바릴 0.07mg/ℓ 이하 ㉵ 1.1.1-트리클로로에탄 0.1mg/ℓ 이하 ㉶ 테트라 클로로에틸렌 0.01mg/ℓ 이하 ㉷ 트리클로로에틸렌 0.03mg/ℓ 이하
④ 심미적 영향 물질에 관한 기준	㉮ 경도 300mg/ℓ 이하 ㉯ 과망간산칼륨소비량 10mg/ℓ 이하 ㉰ 구리 1mg/ℓ 이하 ㉱ 색도 5도 이하 ㉲ 세제(음이온계면활성제) 0.5mg/ℓ 이하 ㉳ 아연 1mg/ℓ 이하 ㉴ pH 5.8~8.5 ㉵ 염소이온 150mg/ℓ 이하 ㉶ 증발잔류물 500mg/ℓ 이하 ㉷ 철 및 망간 0.3mg/ℓ 이하 ㉸ 탁도 2도 이하 ㉹ 황산이온 200mg/ℓ 이하 ㉺ 냄새와 맛은 소독으로 인한 냄새와 맛 이외에 냄새와 맛이 있어서는 아니 될 것.

표 3.6 수도법에 따른 수질검사 기준

정수장에서의 검사		수도전에서의 검사	
검사항목	검사빈도	검사항목	검사빈도
색도/탁도 유리잔류염소 맛/냄새/pH	매일 1회 이상	일반세균 대장균군 유리잔류염소	매월 1회 이상
NH_4-N/NO_3-N KM_nO_4 소비량 일반세균/대장균군 증발잔류물	매주 1회 이상		
상기 외 22개 항목	매월 1회 이상		

다음의 표는 2000년 8월 서울특별시에 보급되는 상수를 정수하는 강북 및 구의 정수장에서 발표한 수질검사 사례이다.

표 3.7 강북 및 구의 정수장 수질검사 사례(2000년 8월)

항목	기준	강북정수장	구의정수장
일반세균	100이하/1ml	불검출	불검출
대장균군	50ml시 불검출	불검출	불검출

항목	기준	강북정수장	구의정수장
탁도	1 NTU이하	0.1	0.1
pH	5.8~8.5	7.0	6.9
트리할로메탄	0.1mg/ℓ 이하	0.013	0.018
경도	300mg/ℓ 이하	53	52
망간	0.3mg/ℓ 이하	불검출	불검출
철	0.3mg/ℓ 이하	불검출	불검출
구리	1.0mg/ℓ 이하	불검출	불검출
아연	1.0mg/ℓ 이하	0.004	0.003
증발잔류물	500mg/ℓ 이하	95	131
알루미늄	0.2mg/ℓ 이하	0.05	0.04

3.2.4 경도(hardness)

경도(hardness)라 함은 물의 세기의 정도를 말하며 경도는 Ca^{++}, Mg^{++}, Fe^{++}, Mn^{++}, Sr^{++}등에 의해서 생길 수 있으나 대부분의 경우 주요 원인은 Ca^{++}과 Mg^{++}이다. 대체로 이온의 종류에 관계없이 농도만 언급한다. Ca^{++}, Mg^{++}이 알칼리도와 결합되어 있으면 탄산경도(carbonate hardness) 또는 일시경도(temporary hardness)라고 부르며, 알칼리도를 형성시키는 이온들과 결합되어 있지 않는 경우에는 비탄산경도(noncarbonate hardness, 영구경도 permanent hardness)라고 한다. 경도는 수중의 칼슘 및 마그네슘 이온량을 이에 대응하는 탄산칼슘($CaCO_3$)의 ppm으로 환산해서 표시한다. 경도에는 다음과 같은 5종류가 있다.

(1) **총경도**(total hardness) : 수중의 칼슘 및 마그네슘 이온의 총량으로 표시되는 경도

(2) **칼슘경도** : 수중의 칼슘 이온의 총량으로 표시되는 경도

(3) **마그네슘경도** : 수중의 마그네슘 이온의 총량으로 표시되는 경도로서 다음과 같이 구한다.

$$\text{마그네슘경도}(CaCO_3\,\text{ppm}) = \text{총경도}(CaCO_3\,\text{ppm}) - \text{칼슘경도}(CaCO_3\,\text{ppm})$$

(4) **비탄산염경도(영구경도)** : 황산염, 질산염, 염화물 등의 자비에 의해서 석출되지 않는 칼슘 및 마그네슘염에 의한 경도

(5) **탄산염경도(일시경도)** : 중탄산염과 같은 자비에 의해서 석출되는 칼슘 및 마그네슘염에 의한 경도를 말하며 다음과 같이 산출한다.

$$탄산염경도=총경도(CaCO_3 \text{ppm})-비탄산염경도(CaCO_3 \text{ppm})$$

경도에 대해서도 탁일 경도라는 단위를 사용할 때도 있다. 이것을 물 100ml중에 CaO의 1ml의 함유될 때 그 경도를 1도로 한다. 마그네슘을 함유할 때에는 MgO의 양에 1.4(CaCO : MgO)를 곱해서 CaO로 환산한다. $CaCO_3$ppm을 독일경도로 환산하는 식은 독일경도로 환산하는 식은 다음과 같다.

$$독일식\ 경도\ 환산 = CaCO_3 \text{ppm} \times 0.056$$

경도값에 따라 분류되는 물은 다음과 같다.

① **연수(단물)** : 0~75mg/ℓ
② **비교적 약한 센물(경도)** : 75~150mg/ℓ
③ **센물(경도)** : 300mg/ℓ
④ **강한 센물(경도)** : 300mg/ℓ 이상

경도에 대하여 정리하면 다음과 같다.

① 물의 세기를 나타내는 지표
② 경도가 높은 물을 보일러 용수로 사용할 때 Scale과 Slime을 유발하고, 비누화 효과가 나쁘다.
③ **유발물질** : 금속 2가 양이온(**Ca^{2+}, Mg^{2+}**)
④ **구분**
　㉮ 탄산경도(일시경도) : 경도 + 알칼리도 → 끓이면 경도 제거 가능(=연수화)
　㉯ 비탄산경도(영구경도) : 경도 + 산도 → 끓여도 제거되지 않음
⑤ **경도의 표시**

Ca^{2+}	1당량 : 40/2=20
Mg^{2+}	1당량 : 24/2=12

$$경도(\text{mg}/l \text{ as CaCo}_3)=\frac{(Ca^{2+}\ 또는\ Mg^{2+}\ 이온농도\ \text{mg}/l\ )\times(\mathbf{50}\ \text{mg/meg})}{(Ca^{2+}\ 또는\ Mg^{2+}\ 의\ 당량\ \text{mg/meg})}$$

⑥ 경도 제거

㉮ 석회-소다회법 : 소석회($Ca(OH)_2$)(일시경도 제거), 소다회($NaCO_3$)(영구경도 제거)

㉯ 이온교환법 : Zeolite

여기에서 Slime(연니)과 Scale(관석) 현상은 Ca, Mg의 탄산염, 황산염과Si(Silicon), Na, Al, Fe의 염, 규산을 함유하면 Slime이 되고, 이것이 경화해서 Scale로 된다. Slime 현상이란 관내부에 발생하는 점액(粘液)현상 즉, 끈적끈적한 현상을 말하며, Scale 현상이란 Slime이 경화하여 생성되는 현상 즉, 비늘이나 물때를 말하며, 경도가 높은 물을 보일러 용수로 사용시 발생되는 현상이다.

3.2.5 수질검사 항목

수질검사(water examintion)의 목적은 물의 각종 상태에 수질을 명백하게 하는 것이다. 상수에 관한 수질검사에서는 공급하는 물의 수질이 음료수에 적합한가 않는가, 수원의 원수가 정화가능한가, 또 정화방법과 그 경제성의 검토, 수도시절에 대해서 유해한가 안한가를 조사하며, 정수시설의 정화능률이 어느 정도인가를 수질 조사하는 방법으로 크게 분류한다. 수질검사는 각 항목마다의 결과가 기준에 적합한가 어떤가의 단순한 검사로 끝나서는 안되며, 더욱 중요한 것은 각 개별자료보다 종합적인 판단을 내려야 한다. 만일 의문이 있는 경우에는 검사를 가급적 광범위하게 조사하여 각 항목이 허용한도를 넘는 것이 있으면, 그 항목에 관계하는 각종 조건 및 요인에 대해서 철저히 조사하는 것이 필요하다. 만일 허용한도를 넘어도 그 원인이 위생학적으로 유해하지 않으면 무방하다고 판정해도 좋을 경우도 있다. 수도법에 의한 수질검사법은 지표수, 침전수, 여과수, 정수 및 지하수 등으로서 음료에 적합하게 처리되어야 한다. 그 중요한 시험 항목은 다음과 같다.

(1) 탁도(turbidity)

탁한 정도를 표시하는 것으로서, 증류수 1ℓ 주에 백도토 1mg을 함유할 때의 탁도를 1도(또는 1ppm, NTU ; Nephelometric Turbidity Unit)라 한다.

(2) 색도(color)

색도란 용해성 물질, 콜로이드상 물질에 의해서 나타내는 담황색에서 황갈색을 말하며, 증류수 1ℓ 중에 염화백금칼리 표준원액 1ml(백금 1ml을 함유)를 함유할 때 1도(NTU)라 한다.

(3) 냄새(oder)

오수의 혼입, 플랑크톤의 번식, 지질, 염소처리 등에 기인한다. 물의 냄새는 실온에 있어서의 냄새와 40~50℃로 가온되었을 때의 냄새 양쪽을 검사한다. 물의 냄새는 방향, 토취, 어취, 불쾌취, 유화수소취 및 특수취 등으로 기재한다.

(4) 맛(taste)

물의 이상한 맛은 지질이나 해수에 의한 경우도 있으나, 플랑크톤의 번식, 하수, 공장폐수 등의 혼입에 의할 경우도 있다. 물의 맛을 정하기 위해서는 검수 100ml를 취해서 15~20℃로 유지해서 맛을 본 후에 40~50℃로 가온하여 맛의 유무와 종류를 검사한다. 물의 맛은 감미, 산미, 쓴맛, 수렴미 등으로 분류된다.

(5) pH

수소이온 농도의 역수의 상용대수를 말한다. 물에는 염류, 유리탄산, 광산, 유기산등이 여러 가지 비율로 함유되고 있으므로 그 비율에 따라 중성, 산성 또는 알칼리성을 나타낸다. 산성은 $[H^+]$가 $[OH^-]$에 비하여 크고 알칼리성은$[OH^-]$가 과잉이라는 것을 의미한다. $[H^+]$, $[OH^-]$는 1ℓ 중의 H이온 또는 OH이온의 g수를 표시하며, 어떠한 수용액일지라도 $[H^+]$와 $[OH^-]$ 와의 사이에서는 항상$[H^+]\cdot[OH^-]$ = kW의 관계가 있다. kW는 물의 해리항수로서 온도가 일정하면 kW는 일정하다. kW는 22℃에서는 거의 10^{-14}이므로 순수 중성의 상태에서는 다음과 같다.

$$[H^+]=[OH^-]=10^{-7}$$

수소이온의 농도를 표시하려면 그 역수의 상용대수를 취하면 된다.

$$\mathrm{pH}=\log[H^+]=\log\frac{1}{[H^+]}$$

그러므로 어떤 수용액에서 pH로 구별해 보며 다음과 같다.

① $[H^+] > [OH^-]$ 즉 pH< 7이면 산성이다.
② $[H^+] = [OH^-]$ 즉 pH=7이면 중성이다.
③ $[H^+] < [OH^-]$ 즉 pH> 7이면 알칼리성이다.

(6) 암모니아성 질소(ammonia nitogen)

암모니아염을 그 질소량을 가지고 표시한 것이다. 수중의 암모니아성 질소는 하수, 공장 폐수, 분뇨 등으 혼입에 의해서 생기며, 물의 오염도를 추정하는 지표이다.

(7) 아질산성 질소(nitrite nitrogen)

아질산염을 그 질소량을 가지고 표시한 것이며, 주로 분뇨, 하수 등의 혼입으로 인한 암모니아성 질소의 산화 등에 의해서 생기는 것이므로 오염감식의 지표가 된다.

(8) 질산성 질소(nitrate nitrogen)

질산염을 그 질소량을 가지고 표시한 것이며, 여러 가지 질소화합물이 산화되어 생긴 최종 생성물로서 암모니아성 질소, 아질산성 질소, 유기성 질소화합물과 관련하여 위생상 주의가 요구된다.

(9) 염소이온

수중에 용해되어 있는 염화물 중의 염소를 말한다. 대부분이 지질의 영향에 의한 것이고, 해안지대에서는 해수의 영향이 크다.

(10) 과망가산칼륨 소비량($KMnO_4$ consumed)

산화되기 쉬운 물질은 주로 유기물질이며, 제일철염, 아질산염, 유화물 등도 과망간산칼륨을 소비한다.

(11) 잔류염소(residual chlorine)

염소처리의 결과 수중에 잔존하는 유리잔류염소 및 크로라민과 같은 결합잔류염소를 말하며 유리염소의 세균력은 결합형 유효염소의 세균력보다 강하다.

(12) 철(Fe) 및 망간(Mn)

철과 망간을 함유하는 물은 맛이 없으며, 색깔을 나타낸다(철-적수, 망간-흑수).

(13) 유기인(organic phoshporus compounds)

대표적인 것이 파라티온으로 벼, 보리, 야채, 과실 등의 해충구제에 사용하는 농약의 일종이며, 유제, 분제, 수화제 등이 있고, 이것을 살포한 지역의 수중에서 검출된다.

(14) 방사능(radioactivity)

물의 방사능은 혼입된 방사성 물질에서 발하는 방사선에 의한 것이다. 음료수의 방사능의 허용량은 1×10^{-4}μc/ℓ (1ℓ 에 대해 1만분의 1마이크로큐리)로 되어 있다.

(15) 시안화합물(CN)

사람에게도 독성이 있으나 음용수에서는 사람보다는 어류에 대한 독성 때문에 규제된다.

(16) 수은(Hg)

사람이나 동물의 체내에 축적성이 높고, 신경계통의 장애를 주는데, 무기수은보다 유기수은의 독성이 강하다.

(17) 구리(Cu)

낮은 농도에서도 물고기의 독성을 일으키나 성인에게는 약 100mg/ℓ 정도까지는 무해하다. 음용수 기준에서 규제하는 이유는 맛 때문이다.

(18) 불소(F)

영구치아가 형성되는 8~10세의 어린이에 중요한 영향을 미치는데 불소를 많이 함유하는 물을 계속 마시면 치아의 에나멜(enamel)을 파괴시켜 치아에 반점이 생기는 소위 반상치(mottled enamel 또는 fluorosis)가 되어 치료가 안 되는 반면에 음용수에 적정 농도(1mg/ℓ 이하)를 유지시켜 주면 충치 예방에 도움이 된다.

(19) 납(Pb)

독성이 있으며, 뼈에 축적된다.

(20) 아연(Zn)

맛을 유발시킨다.

(21) 크롬(Cr)

Cr^{+3}는 별로 독성이 없으나 Cr^{+6}(6가크롬)가 독성이 강하다.

(22) 페놀(phenol)류 화합물

맛과 냄새 때문에 규제하는데, 특히 염소소독 후에는 크로로페놀 생성으로 인해 맛과 냄새가 더욱 심해진다.

(23) 황산염(SO_4^-) 염화물(Cl^-)

이에 대한 규제 이유는 맛이며, 다량 함유된 경우는 설사를 일으킨다. 또한 경수가 되어 부식성이 강하게 된다.

(24) 카드뮴(Cd)

독성이 있으며, 세포질에 축적된다.

(25) 바륨(Ba)

낮은 농도에서 동물의 심장, 혈관 및 신경계통에 독성을 일으키나 인체에는 비교적 독성이 없다.

(26) 비소(As)

살충제나 동물의 사료, 담배원료 및 공장매연 등에 함유되어 독성을 크게 나타내고 발암물질이라고도 한다.

(27) 은(Ag)

화장품 등에 함유되어 중독되었을 경우 피부에 청회색의 반점을 나타낸다.

(28) 셀레늄(Se)

사람이나 동물에 독성이 있으며, 발암 가능성이 있다.

(29) 질산염(NO_3^-)

유아의 경우 일명 청색증(blue baby)라는 질병을 유발한다.

(30) THM(Tri-Halo-Methane)

주요물질은 $CHCl_3$(chloroform)으로 알려져 있으나 $CHClBr^2$, $CHCl_2Br$, $CHBr_3$,

CCl_4 등을 총칭한다. 음료수를 정화 살균하기 위해서 첨가하는 염소나 휴믹산(humic acid) 등이 반응하여 생성되는 것으로 알려져 있다. THM은 간장, 심장, 신장에 해를 줄뿐만 아니라 발암성의 위험도가 높은 발암물질이다.

(31) 증발잔류물(total soilds)

부유물질과 용해성 물질의 합으로 표시되는 것으로 순수한 물일 때는 대부분이 무기염류이고 양도 적다. 염소이온이나 칼슘, 마그네슘 등의 이온도 증발잔류물로 측정된다. 상수도 수돗물에는 증발잔류물이 적을수록 좋은 물이다.

(32) 합성세제(alkyl benzen sulfonate : ABS)

합성세제는 활성기의 이온성에서 음이온, 양이온, 비이온으로 분류되나 이 중 음이온계의 것이 가장 많이 생산되며 가정이나 공업에서 세제의 대부분을 차지하고 있다. ABS는 안정한 화합물이기 때문에 하천이나 지중에 들어가도 언제까지나 분해되지 않고 수돗물이나 정호수에 이행되기 쉽다. 미량(0.5ppm)에서도 물을 거품지게 하는 성질이 있고, 많아지면 물에 취미를 주고, 응집처리가 곤란하게 되며 재포기 효율이 떨어져 간접적으로 자정작용을 저해한다. 음이온 활성제를 주체로 한 합성세제로 근래 가사용, 공장용으로 급속히 보급되어 수질오염의 문제를 야기시키고 있다. 음이온 활성제로는 합성세제가 주로 쓰이며 석유를 분해해서 얻는 프로필렌을 종합한 것을 슬폰화한 후 중화해서 제조하며, 합성세제의 문제는 독성과 발포성이다.

3.2.6 세균학적 검사

기본적인 배지인 보통 한천배지에서 생육하는 세균은 종류 여하를 막론하고 일반세균이라 부르고 있으며 그것은 시료 1ml당 24±2시간, 오도 25℃~37℃에서 배양했을 때 육안으로 확인할 수 있는 정도의 균만을 확인하게 되어 있기 때문이다. 일반세균은 통상 간균이 가장 많고 구균이 다음으로 많다.

(1) 일반세균

일반세균이란 검수 1cc속에 함유된 세균수로 보통 한천배지에서 생육하는 세균은 종류 여하를 막론하고 일반세균이라 한다. 수돗물 중에서의 일반세균수는 극히 적고 변동도 적다.

(2) 대장균군

대장균군이란 대장균 및 대장균과 닮은 성질을 가진 균의 총칭이다. 소화기 계통의 전염병은 항상 대장균군과 함께 존재한다. 시험에 요구되는 시간은 추정시험에서 24시간, 확정시험에서 48시간이다. 대장균군 수는 검수 100ml내에 있는 세균의 수를 나타내며 MPN(most probable number)이라 한다. 대장균 검사이유로는 대장균을 이용하여 병원체의 존재를 추정하기 위해서인데 다음과 같은 사유로 수질지표로 사용한다.

① 소화기 계통의 전염병균이 대장균군과 같이 존재한다.
② 병원균보다 검출이 용이하고 검출속도가 빠르다.
③ 소화기 계통의 전염병균보다 저항력이 조금 강하다.
④ 시험방법이 용이하며 정확성이 보장된다.

(3) 생물학적 검사

① 물의 오염도 추정
② 침전 및 여과의 효율판정
③ 냄새와 맛의 원인 발견
④ 정수방법의 검토
⑤ 저수지의 조류를 제거하는 방법

3.2.7 생물화학적 처리

하수처리수, 잡배수, 분뇨를 포함한 오수는 순환 재이용하기 위해서 생물화학적 처리후 적적한 물리적 처리를 하며, 이러한 생물화학적 처리는 원수의 수질 및 중수도의 용도에 다른 수질목표에 따라 크게 차이가 있다. 일반적으로 도입할 수 있는 처리공정은 표와 같다.

(1) 호기성균

하수 처리방법에서 중요한 활성오니법이나 살수여상법 등은 호기성균에 의해 오염물질의 산화분해를 이용한 것이다. 이균은 산소를 좋아하기 때문에 호기성균이라고 하며, 호기성균은 공기 중의 산소를 흡수해서 하수 중에 함유한 질소, 유기물을 암모니아화하고 탄산가스화해서 무해한 무기물로 변화시키는 작용을 한다.

(2) 혐기성균

산소를 싫어하는 세균으로 하수가 관을 타고 흘러 종말처리장에 유입하는 사이에서 하수 중의 유기물이 부패가 발생하거나 활성오니를 소화조 중에서 소화처리하거나 하수 중의 이균의 작용을 받아 지방산이 되고 유화물을 분해해서 유화수소를 발생한다. 또한, 소화조 중에서는 활성오니의 활약으로 오니를 메탄가스, 탄산가스, 수소 등으로 단순 무해한 무기물로 변화시킨다. 이 균은 크게 나누어 2종류가 있으며 하나는 공기를 절대로 싫어하는 혐기성균과 또 하나는 산소의 유무에 관계하지 않고 생존하는 통성혐기성균(임의성균)이 있다.

표 3.8 각종처리법에 따른 오염의 제거효율(%)

처리법 항목	Micro –stainer	응집침전	급속여과	응집침전+ 급속여과	응집침전+ 급속여과+ 활성탄처리	응집침전+ 급속여과+ ozone처리	한외 여과
탁도	25	60	60	90	95	90	99
SS	25	50	60	80	90	80	99
색도	–	40	20	50	90	90	99
ABS	–	–	–	20	90	90	90
BOD	10	20	20	40	90	80	90
COD	10	20	20	40	80	60~70	90
NH_3–N	–	–	–	–	–	–	–
PO_4–P	–	60	–	70	70	701	–
증발잔류물	0	0	0	0	0	0	0~20
냄새	–	–	–	–	99	99	90

3.3 정수

• TIP

침전이론, 여과, 살균 및 소독, 흡착공정 등에 대한 일반적인 사항과 계산문제가 중요하다. 특히, 침전효율과 Stoke's 법칙, 여과지의 특성, 소독방법 및 염소살균, 대체소독제, 등온흡착식 등에 대한 정리가 필요하다. 정수처리시설 중에서는 침전지의 체류시간, 표면부하율 등의 계산과 여과지의 면적 계산, 완속여과와 급속여과의 비교 등이 중요하다. 각 시설의 설계기준과 수원에 따른 처리계통, 혼화지 및 플럭형성지에 관해서도 정리해야 한다.

3.3.1 정수의 목적

정수의 목적은 물을 사용목적에 적합하도록 수질을 개선하고 음료수를 비롯하여 기타 여러 가지 용도를 위해서 인공적으로 물을 정화하는 것을 말한다. 사용목적별 요구되는 수질을 정리하면 다음과 같다.

① 가정용

가정용수는 음용 등 각종 목적으로 사용되지만 수질면에서는 가장 엄격해야하며, 수질기준은 주로 위생상의 관점으로 결정되지만 이외에도 심미적인 사항이나 세탁물에 염색이 되는 경우가 있어서는 안 된다.

② 공업용

공업용수는 대체로 세균학적 성질을 중요시할 필요는 없으며, 연수로서 유기불순물이 포함되지 않으면 되며, 가능한 한 수온은 낮은 것이 좋다. 공업용수는 공정별로 요구되는 수질이 다른데, 양조나 전분 등에는 미생물의 관계를 중요시하며, 제지 및 펄프 염색공정에서는 화학적성질을 중요시 한다. 대체로 상수도에서는 이와 같은 수질을 하나하나 고려하지 않으므로 공정에서 필요한 수질이 있을 경우에는 공장이나 고장단지내에서 수도수를 다시 처리하야 사용한다.

③ 잡용수, 소화용수

잡용수나 소화용수는 수질을 중요시하지 않으나, 실제로는 배수관이 철관일 경우 부식이 되지 않도록 고려해야한다. 또한, 2원계통의 배수관을 설치해야하므로 건설비가 증대되기 때문에 대부분의 도시에서는 1원계통으로 급수하여 음료수 수질기준과 동일하게 된다.

3.3.2 정수방법

상수도는 보건위생을 주요 관심사로 가정용수에 중점을 두는 한편 공업용수도 고려하여 가급적 여러 가지 용도에 대하여 지장이 없도록 하며, 원수가 표면수인 경우는 하수, 공장 폐수 등의 오염 때문에 각종의 물질을 함유하게 되므로 이 함유물질을 제거할 수 있는 여러 가지 방법을 사용할 필요가 있다. 또한 현재에 있어서 고려하지 않아도 좋은 정도의 미량의 물질이 장래는 고려해야 될 정도의 오염이 진행되는 경우가 있으므로 정수방법으로서는 영구적으로 고정할 필요는 없으며, 시간이 지남에 따라 고려해야할 필요가 있다. 정수법에서 제거할 수 있는 수중의 불순물을 대별하면 다음과 같다.

(1) 부유물질 제거(Removal of suspended matters)

원수 중에는 불순물의 종류가 매우 많지만, 정수과정에서 문제가 되는 것은 제거하기 어려운 미세한 물질이며, 부유물의 제거에는 침전과 모래여과가 유효하다. 침전에서 약품사용여부와 여과의 속도에 의해 다음과 같이 둘로 나눈다.

① 보통침전과 완속여과(slow sand filtration)
② 약품침전과 급속여과(rapid sand filtration)

약품침전에서 주로 많이 사용되는 약품은 알루미늄과 철의 염류인데, 약품으로 미세한 부유물질이 대형 floc으로 응집되어 침전과 여과작용에서 용이하게 제거될 수 있으나 세균은 완전히 제거되지 않으며, 콜로이드질은 제거가 잘 된다.

(2) 용해성 물질의 제거(Removal of dissolved matters)

원수 중의 용해성 물질에는 칼슘, 마그네슘, 철, 망간, 염소이온, 황산이온, 질소화합물 등이 있다. 용해성 물질은 침전, 여과에 의해서는 잘 제거되지 않지만 완속여과에서는 철, 망간이 산화작용으로 어느 정도 제거되며, 암모니아성 질소도 대부분 산화되어 질산염으로 된다. 용해성 물질을 대량으로 제거하기 위해서는 사전에 화학적 처리 방법으로 용해성 물질을 불용성 물질로 변화시킬 필요가 있다. 경수의 연수화법, 철·망간제거법은 이를 응용한 방법들이다. 한편, 용해성 물질 중에는 계면활성제와 같이 취미를 발하는 물질을 활성탄의 흡착성을 이용하여 제거하지 않으면 안 되는 것들도 있다.

(3) 세균의 제거

원수 중에는 병원균을 위시하여 대장균군, 일반세균 등 많은 종류의 세균이 있다. 세균은 보통침전에 의해 제거가 가능하며 약품침전으로도 제거할 수 있다. 완속여과의 세균제거율은 급속여과보다 좋으며, 급속여과로는 완전히 세균이 제거되지 않는다. 세균의 효과적인 제거법은 살균(소독)법으로, 염소 등 살균제로 직접 살균하는 방법이 있으며, 모래여과에서 통과된 세균은 이 방법으로 제거한다.

(4) 미생물의 제거

세균 이외의 원수 중에 존재하는 미생물로서 주된 것은 조류인데, 특히 규조류가 많은 것이 보통이다. 조류는 세균보다 대형이므로 모래여과로 잘 제거된다. 그러나 그 수가 많을 때는 여과지의 막힘현상을 촉진시킴으로써 사전에 황산구리의 투입을 포함한 여러 조류제거법으로 제거하여 한다. 최근에는 일종의 스크린으로 여과한 후 모래여과를 하기로 한다. 생물에는 동물성과 식물성이 있으며, 하수·폐수가 심하게 오염된 경우에는 동물성이 많이 존재하고 보통의 청정한 물에는 식물성이 대부분이다. 저수지나 호수에서는 식물성 플랑크톤, 특히 규조류가 계절적으로 크게 번식한다. 이를 제거하기 위해서는 질산, 인산 등을 함유하는 하수의 유입을 막고 마이크로스트레이너(micro stainer) 등과 같은 스크린으로 여과한다.

표 3.9 정수방법에 따른 불순물의 제거

불순물 / 정수법	유기물				무기물			
	부유성	클로이드성	용해성		부유성	클로이드성	용해성	
			생물 분해성	생물 난분해성			응석성	이온성
응집침전, 여과	◎	◎	×	×	◎	◎	○	×
활성탄 흡착	×	×	△	◎	×	×	×	×
이온교환	×	×	×	×	×	×	×	◎
역삼투	×	×	○	◎	×	×	×	○
증류			△	△			○	◎

※ 주 : 응석성이란 약품에 의하여 침전이 형성되어 불용화될 수 있는 특성.

◎ : 양호한 제거가능 ○ : 어느 정도 제거가능
△ : 약간의 제거가능 × : 제거 불가능

(5) 철-박테리아의 제거

철분이 많은 수중에 번식하는 균으로 체내에 흡수하여 산화시키는 박테리아로써, 냉각관, 열교환기 계통에 장해를 주며 가장 많은 균은 렙토트릭스(leptothrix)이다.

① 철-박테리아의 번식 조건

㉮ 철분을 함유한 물일 것.

㉯ 유기물이 존재할 것(특히 철, 망간과 결합한 유기물).

㉰ 유리탄산이 많고 용존산소가 적을 것(약산성 조건).

㉱ 일광은 별로 관계가 없다.

② 철-박테리아의 제거 대책

㉮ 철, 망간, 유기물 등을 가능한 제거할 것.

㉯ 염소로 살균할 것(잔류염소 0.5ppm).

㉰ 황산구리($CuSO_4$) 0.33~0.4ppm을 주입할 것.

3.3.3 정수장의 입지계획

계획 1일 최대급수량을 기준으로 하며 작업용수, 잡용용수, 기타 손실수량을 고려하여 계획 1일 최대급수량의 5~10%를 여유수량으로 추가한다. 정수장의 입지를 계획할 경우에는 다음과 같은 사항을 고려해야한다.

(1) 수도시설 전체의 배치와 고저를 고려하여야 하며, 경제적으로 관리하기 좋은 위치라야 한다.
(2) 오염의 염려가 적은 위생적인 환경이라야 한다.
(3) 재해를 받을 염려가 적고 배수하기 좋은 환경이라야 한다
(4) 형상이 좋고 충분한 면적의 용지가 확보될 수 있어야 한다.
(5) 유지관리상 유리한 위치이어야 한다.
(6) 건설하기에 유리한 위치이어야 한다.

3.3.4 정수처리 계통도

정수장에서 가장 많이 이용되는 정수처리 계통도는 다음과 같다.

(1) 일반적인 정수처리 방식

수 원 ⇨ 취수시설 ⇨ 침사지 ⇨ 약품 투입 및 혼화지 ⇨ 응집지
⇨ 약품침전지 ⇨ 여과지 ⇨ 염소소독 ⇨ 정수지 ⇨ 송 수

그림 3.6 일반적인 정수처리 계통도

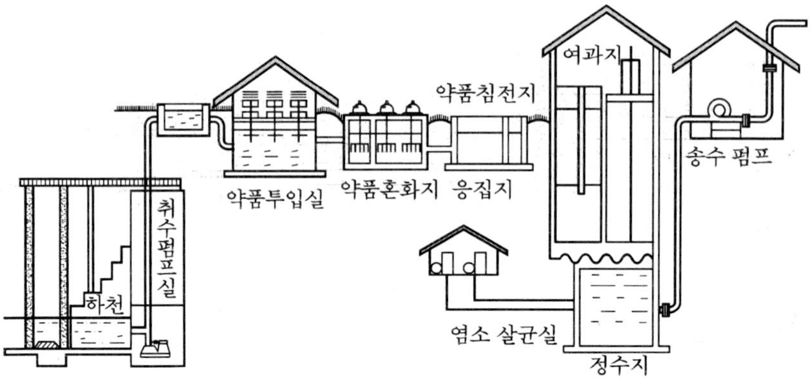

그림 3.7 일반적인 정수처리과정

(2) 분리공정의 종류

① 고체와 액체의 분리 : 침전, 여과, 스크린(microstraining)

② 상간이동

㉮ 고체와 액체상간 : 활성탄흡착, 이온교환, 생물화학적흡착 등

㉯ 기체와 액체상간 : 포기 등

③ 막분리 : 역삼투, 전기투석 등

④ 상변화 : 증발, 동결 등

⑤ 성장공정 : 응결, 응집 등

⑥ 무해화공정 : 살균, 중화 등

3.3.5 정수계획을 위한 조사

원수의 수질은 환경정책 기본법, 정수의 수질은 수도법에서 규정하고 있으며, 수원의 수질변화에 대한 조사사항은 다음과 같다.

(1) 정수시설은 원수의 수질이 최악의 경우에도 그 기능을 충분히 발휘할 수 있어야 한다.
(2) 원수의 조사항목은 수질기준에 정해진 사항 이외에 침식성 유리탄소, 알칼리도, BOD, SS, 조류 등에 대하여 이화학, 세균학 및 생물학적 시험을 하여야 한다.
(3) 동일 수계와 비슷한 규모의 정수장에 대하여 수량, 정수장 기본계획, 정수시설의 형식, 시설규모, 약품종류와 주입상황, 침전지의 슬러지 배제상황, 배출수량과 수질 등을 조사하여야 한다.

3.3.6 정수시설의 배치계획

정수시설은 다음 각 항의 조건을 구비하도록 배치하여야 한다.

(1) 착수, 침전, 약품처리, 여과, 소독, 송수 및 배출수처리 등의 시설이 각기 기능을 충분히 발휘할 수 있고 양수장 관리와 상호연결에 편리하도록 배치하여야 한다.
(2) 정수장 내의 화장실과 오수 저유시설 및 폐기물 투기장의 오염원은 오수누출이 되지 않도록 수밀구조로 하고, 처리시설로부터 먼 거리에 위치하도록 한다. 부득이한 경우에도 15m 이상의 거리를 두도록 한다.
(3) 정수장 내 각 시설간의 필요 수위차는 최대유량에 대한 각 시설의 손실수두와 여과수두 및 시설간 연결설비의 손실수두 등에 의하여 정한다.

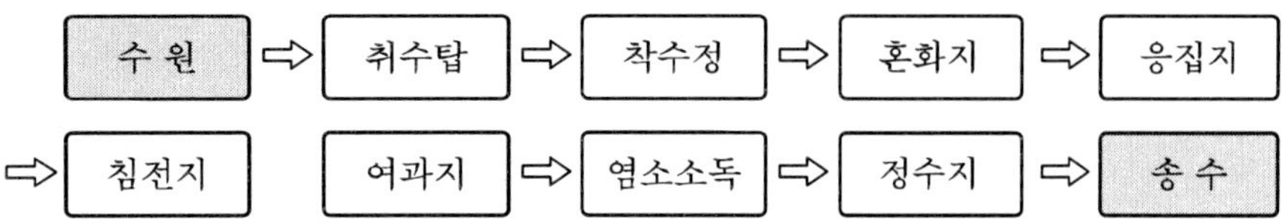

그림 3.8 정수처리 방식 계통도

3.3.7 착수정

착수정은 원수가 취수 및 도수시설에서 유입되는 정수처리공정에 최초로 도입되는 곳으로서, 설치하는 목적은 자연유하로 정수처리가 될 수 있도록 충분한 수준을 유지시켜 주며 다음 단계의 약품주입, 침전, 여과 등의 정수작업을 원활하게 하는 시설이다. 즉 착수정은 처리계열별 유량을 적정 배분저장하고, 원수에 대한 외관적 관찰의 대상이 되며, 일부 침강성이 큰 침사물을 제거하는 목적이 있다. 착수정에는 정류설비 유입 및 유출관 또는 월류위어가 설치되어 있으며, 용량은 체류시간이 1.5분(90초)이상 되어야 하며, 원수량 측정용 계측장치가 필요하다. 착수정의 설치목적 및 용량을 정리하면 다음과 같다.

① 착수정에 도입된 원수의 수위조절
② 수위의 동요를 소멸시켜, 원수량을 파악하여 약품을 주입
③ 조류가 발생할 때는 유산동, 염소, 염화동 등이 사용되며 착수정에 주입
④ 원수의 pH가 낮을 경우 pH조절로서 소석회 주입
⑤ 응집제를 착수정에 주입하며 난류확산을 이용하여 혼합
⑥ 수도용수와 공업용수로 분류할 때는 분수정으로 이용
⑦ 수위가 고수위 이상 되지 않도록 월류관 또는 월류위어를 설치
⑧ 착수정의 고수위와 지의 상부단까지는 60cm이상 여유를 둔다.
⑨ 착수정의 크기는 체류시간 1.5분이상, 폭은 유입관경의 2.5배 또는 2m 이상, 수심은 3m 정도로 한다.
⑩ 월류관의 유량은 유입량의 1/5 이상, 물너비 뚝의 길이는 1m 정도, 위치는 정류장치의 하류 1m의 장소에 설치한다.
⑪ 배수설비를 설치한다.
⑫ 착수정의 형상은 대체로 장방형 또는 원형으로 하고 유입구에는 제수밸브 등을 설치하여야 하며, 정류, 월류, 양수, 유출의 순서로 2~3실로 한다.
⑬ 착수정과 부대설비의 수리나 청소 등에 대비하여 필요에 따라 측관(by pass)을 설치하여야 한다.
⑭ 원수의 유량을 정확히 조정하기 위하여 양수장치를 설치한다.
⑮ 유량장치로 위어는 정류장치에 너무 가까우면 수위에 영향을 주고 양수가 부정확하게 되므로 최소한 2m이상 떨어지게 설치하여야 한다.

3.3.8 혼화지

혼화지는 원수와 정수약품을 혼화시키는 시설로서, 혼화효과를 높이기 위해서 혼화지내에 혼화기가 설치되어 있다. 혼화기능은 정수약품의 투입지점에 따라 복합적으로 이루어지는데, 착수정의 전단부에 투입하면 착수정에서 일부 혼합되어 혼화지까지 오는 동안 관류에 의해 일부 혼화되어 혼화지의 와류에 의한 혼합 및 응집이 이루어진다. 이러한 여러 단계를 거치는 동안 혼화는 물론 응집반응이 일어나 플록이 형성된다. 혼화지의 구조와 용량은 다음과 같다.

① **혼화시간** : 계획정수량에 대하여 1~5분간을 표준으로 한다.
② **유속** : 유속은 1.5m/s 정도가 필요하다.
③ **손실수두** : 체류시간 1분, 처리수량 10,000m^3/day당 약 45~60cm이다.

혼화방법은 여러 가지가 있으며, 도수방식, 이용되는 면적, 낙차, 시설비, 경상비 등을 고려해야하며, 이를 정리하면 다음과 같다.

(1) 기계교반식(flash mixer)

혼화지가 독립되어 있을 경우 수심 3~5m의 원형 또는 구형 혼화지의 중심부에 회전날개를 1.5m/s이상의 속도로 회전시킨다. 혼화지는 원형보다 구형이 효과가 좋다.

(2) 수로를 이용한 조류벽에 의한 방법

응집지로 통하는 도수로 또는 응집지의 일부를 수로상으로 이용한다. 1.5m/s 이상의 유속을 가질 수 있는 단면을 결정한다. 수로에는 수평 및 상하우류식의 조류벽을 설치한 우류수로이다.

(3) 낙차를 이용하는 방법

착수정으로부터 급경사의 수로를 만들어서 3m/s정도의 유속으로 원수를 낙하시켜 응집지에서 일어나는 도수현상의 격심한 난류를 이용하여 혼화하는 방법으로서 착수정과 응집지간의 낙차가 0.5~1m이상이어야 사용할 수 있다.

(4) 저양정 펌프식

원수를 저양정 펌프로 양수할 경우 흡입측에 약품을 주입하여 펌프내와 토출구에서의 교란을 이용하는데, 펌프의 재질을 내산성으로 해야만 한다.

3.3.9 응집지

원수 중의 탁도 중 0.01mm 이하인 것을 제거하기 위한 전처리로서 응집(coagulation)조작에 의해 콜로이드상의 탁질을 침전성이 양호한 플록(floc)으로 형성시켜 주기 위한 시설이다. 응집은 약품주입 후 2단계로 실시되는데 1단계는 급속교반에 의해 탁질을 미세한 플록으로 응집시키는 단계이며, 2단계는 완속교반에 의해 생성된 미세한 플록을 큰 입자의 플록으로 형성시키는 단계로 전자를 혼화, 후자를 플록형성이라 하며, 때에 따라서는 별도의 설비로서 혼화지, 플록형성지로 구분하여 각각 행하여지는 경우도 있다.

① 혼화시간은 계획정수량에 대하여 1~5분간을 표준으로 한다
② 혼화를 위한 기계식교반의 회전날개 주변속도는 1.5m/s 이상으로 한다.
③ 플록형성을 위한 교반은 하류로 갈수록 그 강도는 연차적으로 감소한다.
④ 플록형성시간은 계획정수량에 대하여 20~40분간을 표준으로 한다.
⑤ flocculator의 주변속도는 10~80cm/s으로 하며, 유수로형일 경우에는 평균유속을 15~30cm/s를 표준으로 한다.
⑥ 혼화지나 플록형성지에는 단락류가 발생하지 않도록 주의해야 한다.

응집제로서 가장 많이 사용되는 것은 명반(황산번토, 황산알루미늄, $Al_2(SO_4)_3$, 철염($FeCl_2$, $FeCl_3$, $FeSO_4$ 등)으로서 명반은 주로 정수처리에 많이 사용되며, 철염은 폐수처리에 주로 사용된다. 이전에는 무기응집제가 많이 사용되어 왔으나 최근에는 고분자 응집제 사용이 늘어 단독 또는 다른 무기계 응집제와 같이 병용하는 형태로 많이 이용되고 있다. 응집제를 정리하면 다음과 같다.

그림 3.9 응집반응

(1) 황산알루미늄(황산번토; $Al_2(SO_4)_3 \cdot 18H_2O$)

적량의 황산알루미늄을 수중에 가하면 다음과 같은 반응이 나타난다.

$$Al_2(SO_4)_3 \cdot 18H_2O + 3Ca(HCO_3)_2 \rightarrow 2Al(OH)_3 \downarrow + 3CaSO_4 + 6CO_2 + 18H_2O$$

황산알루미늄은 다른 응집제에 비하여 다음과 같은 특징이 있다.

① 저렴, 무독성 때문에 다량 첨가가 가능하고 거의 모든 수질에 적합하다.
② 결정은 부식성, 자극성 없고 취급이 용이하다.
③ 황산번토의 수용액은 강산성이므로 취급에 주의를 요한다.
④ 탁도, 색도, 세균, 조류 등 거의 전부의 현탁물 또는 부유물에 대하여 유효하다.
⑤ 철염에 비하여 생성한 플록이 가볍고 적정 pH 폭이 좁은 것이 단점이다.

(2) 폴리염화알루미늄(poly aluminum chloride ; PAC)

폴리염화알루미늄은 일명 PAC라 하여 응집력이 우수하며, 단독으로 사용하거나 황산알루미늄과 병용해도 좋으나 황산번토의 경우와 같이 황산이온이 어느 정도 공존할 때 응집효과가 좋다. 폴리염화알루미늄(PAC)의 특성은 다음과 같다.

① 응집, 플록 형성이 황산번토보다 현저히 빠르다.
② pH, 알칼리도의 저하는 황산번토의 1/2 이하이다.
③ 탁도의 제거효과가 탁월하다.
④ 적정 주입률의 폭이 크며, 과잉으로 주입하여도 효과가 떨어지지 않는다.

(3) 알루민산나트륨(sodium aluminate : $NaAlO_2$)

수산화나트륨[$NA(OH)_2$]에 알루미나(AlO_3)을 녹인 것으로 단독으로 응집작용이 약하므로 보통 황산알루미늄과 함께 사용한다. 색도가 높은 물에 좋으며, 알칼리성으로 수처리 후의 경도 및 유리탄산도 증가하지 않으므로 보일러용수의 특수정수에 사용된다.

(4) 암모늄 명반

소규모의 정수장치에 한해서 사용되나 용해속도가 느리다.

(5) 황산제일철(ferrous sulfate ; $FeSO_4$)

소석회와 함께 사용해야 하며, 알칼리도가 높고 고탁도인 원수에 가장 적합하며 경제적이다. 플록은 황산번토에 비해 무겁고, 수온이나 pH 변화에 의한 영향이 적다.

(6) 황산제이철 [ferric sulfate ; $Fe_2(SO_4)_3$]

더운물로 용해시켜야 하며 소석회는 필요없다. 금속에 대한 부식성이 강하므로 내산성의 고무나 납으로 피복된 장치를 사용해야 한다. 플록의 생성, 침전시간은 황산번토보다 빠르다.

응집보조제는 보다 무겁고 신속히 침강하는 플록을 만들고 플록의 강도를 증가시키는 목적으로 사용한다. 응집제의 사용으로 첨가량과 응집 및 침전시간을 되도록 줄여야 하는데, 황산번토의 사용만으로는 그 첨가량이 상당히 많아지고 응집이 잘 안 되는 경우가 있다. 그러므로 원수에 대하여 각종의 응집보조제를 병용함으로써 응집을 촉진시키고 응집제의 사용량을 절감할 수 있다. 응집이 잘 수행되나 저수온(5℃ 이하)또는 가벼운 플록 때문에 침강속도가 낮을 때는 응집보조제로 점토나 분쇄된 석회석을 응집이 시작되기 전에 가하면 보다 무겁고 신속히 침강하는 플록을 만들 수 있다. 이는 콜로이드의 농도를 증가시켜 응집효율이 높아진다.

(1) 무기성 보조응집제

무기성 보조응집제로서는 점토와 활성규사가 있으며, 그 특징은 다음과 같다.

① **점토**

점토는 응결물을 크게 하여 침전을 쉽게 하는 외에 응결물의 형성을 촉진시키는 흡착작용도 한다.

② **활성규사**

특별한 방법으로 활성화된 sodium silicate로서 물에서는 전하를 띤 졸(sol)상태를 형성한다. 즉, 응집제로부터 생긴 양전하의 금속 수산화물과 결합하여 쉽게 제거될 수 있는 플록을 형성한다.

(2) 유기성 보조응집제

한천, 전분, 젤라틴 등의 천연적인 것과 유기고분자 응집제가 있으나, 천연적인 것은 가격이 비싸 비경제적이므로 잘 사용되지 않고, 주로 사용되는 것은 응집력이 크고 pH나 공존물질의 영향을 잘 받지 않는 유기고분자 응집제를 사용한다. 응집에 영향을 미치는 영향인자는 다음과 같다.

① 콜로이드의 종류와 농도
② 물의 전해질의 농도
③ pH
④ 응집제의 종류
⑤ 수온
⑥ 교반

응집제의 양은 다음과 같은 방식으로 산정한다.

응집제 양 = 농도(C) × 유량(Q)
(kg/day) (mg/L) (m^3/day)

실무예제 3.7

1일 22,000m^3을 정수처리하는 정수장에서 고형 황산 알루미늄을 평균 25mg/ℓ 씩 주입할 때 필요한 응집제의 양은 얼마인가?

풀이

$25 \times 10^{-3} \times 22{,}000 = 550$ kg/d
kg/m^3 m^3/d

3.3.10 플록형성지

플록형성지(flocculation tank)는 혼화지에서 약품과 혼화되어 제1차 응집을 일으키는 원수를 천천히 교반하므로 입자간에 충돌을 일으키며 제2차로 응집을 촉진시켜 큰 플록의 형성을 도모하는 시설이다. 플록형성지의 설치에 관하여 정리하면 다음과 같다.

① **플록 형성시간** : 플록형성지의 체류시간은 보통 20~40분간이 적당하다.
② **위치** : 혼화지와 침전지 사이에 위치하고 침전지에 접속하여 설치한다.
③ **형상** : 흘록평성지는 직사각형이 표준이며, 플록형성지에서 발생한 슬러지나 스컴의 제거가 가능한 구조로 한다.
④ **평균 유속** : 15~30cm/s를 표준으로 하고 주변속도는 15~80cm/s를 표준으로 한다.

⑤ **교반조건** : 플록형성은 응집한 미소플로고을 크게 성장시키기 위하여 적당한 교반이 필요한데 속도경사×체류시간은 값은 10^4~10^5이 양호한 교반조건이다.

⑥ **교반강도** : 플록형성지 내의 교반은 하류로 갈수록 그 강도를 점차 감소시킨다. 큰 플록을 만들기 위해서는 플록의 입경이 작은 초기에는 교반강도를 크게 하고, 플록이 점차 크게 됨에 따라 3~4단으로 나누어 교반강도를 점차 감소시킨다.

⑦ **교반구조** : 플록형성지에서 발생한 슬러지나 스컴(scum)의 제거가 가능한 구조로 한다.

플록형성에 대한 실험으로 Jar-Test(약품교반실험)가 활용되는데 플록형성이 빠르고 가장 응집상태가 좋은 적정 응집제 주입량이나 최적의 pH를 주입하기 위한 응집반응 실험을 말한다.

① 응집반응을 지배하는 인자

㉮ 수온

㉯ 알카리도(Alkalinity)

㉰ pH

㉱ 콜로이드성 물질의 종류 및 농도

㉲ 교반조건

㉳ 응집제 종류

② Jar Test 실험순서

㉮ 시험대상 시료를 비이커에 적당량 담는다.

㉯ pH 조정을 위한 약품과 응집제를 투여한다.

㉰ 15~90초간 급속교반을 실시한다.

㉱ 20분~1시간 동안 완속교반을 실시한다.

㉲ 교반 정지후 20분~1시간동안 침전시킨다.

㉳ 상징수를 채취하여 필요한 분석을 실시한다.

③ 응집제를 투여하고 급속교반 후 완속교반을 하는 이유는 플록(floc)을 깨뜨리지 않고 크기를 증가(성장)시키기 위함이다.

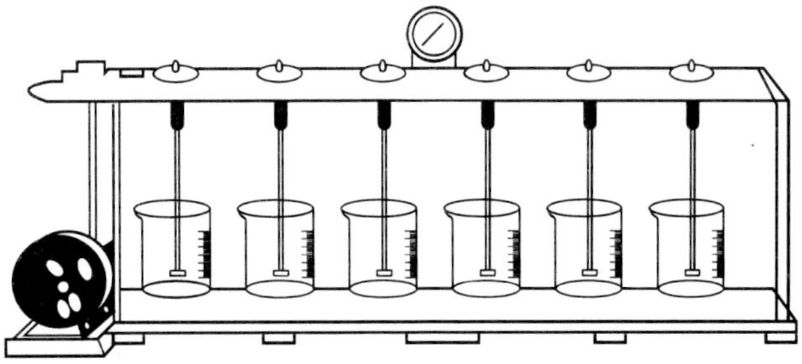

그림 3.10 자-테스터(Jar-tester)

3.3.11 흡착(adsorption)

흡착이란 용액 중의 분자가 물리적 또는 화학적 결합력에 의해서 고체표면에 부착되는 현상을 말하며, 이와 같은 처리는 폐수 중 냄새, 맛, 색도 드을 유발하는 물질의 제거에 사용된다. 이때, 달라붙는 분자를 피흡착제, 분자가 달라붙을 수 있도록 표면을 제공하는 물질을 흡착제라고 한다. 다공질 흡착제의 표면에 용질이 유체로부터 이동하여 흡착하는 현상은 다음과 4단계를 거쳐 일어난다.

① 1단계(이동) : 피흡착물이 흡착제의 외표면에 도달하는 용액 내 확산
② 2단계(확산) : 외표면의 유체, 경막 내를 확산하여 다공질 흡착제의 내부공극으로 들어가는 경막확산
③ 3단계(확산) : 흡착제의 내부공극을 확산 이동하며, 내부표면의 흡착점까지 도달하는 입내 확산
④ 4단계(흡착) : 내부표면의 흡착반응

흡착대상은 다음과 같다.

① 정수나 폐수의 생물학적 처리를 방해하는 화학약품 폐수
② 생물학적으로 분해가 어려운 화학물질 및 미처리 유기물
③ 강이나 하천 생태계에 중대한 영향을 미치는 독성물질
④ 냄새와 색도

흡착제와 피흡착제간의 결합이 대단히 강한 경우 흡착은 비역학적이며 이를 화학적 흡착(chemi adsorption)이라도 부른다. 한편, 결합이 약한 경우에는 가역적이며 이를 물리적

흡착이라고 부른다. 정수 혹은 폐수처리시의 흡착은 대부분이 물리적 흡착이며 그냥 흡착이라면 통상 물리적 흡착을 뜻한다. 흡착제에 의한 정수처리에는 분말활성탄 및 입상활성탄이 있으며, 이들의 장점을 정리하면 다음과 같다.

표 3.10 분말 및 입상 활성탄의 장점

분말활성탄의 장점	입상활성탄의 장점
① 응집지, 침전지 또는 여과지 유입부를 주입하는 것만으로 양호하기 때문에 특별히 탱크를 필요로 하지 않음. ② 유입수의 수질에 따라 주입률이 자유로이 정해지기 때문에 예상밖의 고농도에도 대처할 수 있다. ③ 입상탄에 비해 값이 싸다.	① 분말탄은 사용 후 회수가 불가능하나 입상탄은 재생이 가능하므로 폐기량이 적다. ② 장기적으로 볼 때 처리비용이 낮아진다 ③ 분진이 적고 작업환경이 좋다.

흡착제의 종류로 정수, 폐수처리에 사용되는 흡착제로서는 활성탄, 활성알루미나, 산성백토, 합성 제올라이트, 연탄재 등이 있으며, 가장 많이 사용되는 것은 활성탄이다. 흡착제가 갖추어야 할 조건은 다음과 같다.

① 단위무게당 흡착능력이 우수할 것.
② 물에 용해되지 않고 내알칼리, 내산성일 것.
③ 재생이 가능할 것.
④ 다공질이며, 입경(부피)에 대한 비표면적이 클 것.
⑤ 자체로부터 수중에 유독성 물질을 발생시키지 않을 것.
⑥ 입도분포가 균일하며, 구입이 용이하고 가격이 저렴할 것.

3.3.12 침전(sedimentation)

침전으로 물을 정화하는 것은 고대부터 행하여 왔고, 고대 로마의 수도에서는 도수로 도중에 침전실을 설치하였다. 인공적 정수방법으로서 가장 오래된 방법이며, 모래여과가 채용될 때까지는 침전이 유일한 정수방법이었다. 정수에 사용되는 침전지는 관용적으로 보통침전지, 약품침전지, 부유물 접촉침전지(최종침전지)의 세 종류로 크게 나뉘어진다. 그 외 정수에서 침전이론이 적용될 수 있는 특수한 경우로는 슬러지의 농축조를 들 수 있다.

침전지의 설치목적은 수중의 현탁물질을 제거시켜 다음 정수단계인 여과지의 오염부하를 경감시키는 데 있다. 그리고 침전지는 물속에 들어있는 현탁입자를 침전 분리시키는 가능과 유량조절 기능 및 침전된 슬러지를 제거시키는 기능을 갖고 있다. 자연상태로 침전물을 침전시키는 보통침전지와 정수약품주입 푸 혼화 및 형성단계를 거쳐 응집된 침전물을 가라앉히는 약품침전지로 대별된다. 원수의 연간 최고탁도가 30도 이상인 경우에는 약품침전지를 사용하며, 저수지 혹은 지하수를 수원으로 하고 원수의 탁도가 10도 이하인 경우에는 보통침전 처리과정을 생략하고 완속여과지만 운영할 수도 있다. 보통침전지에는 완속여과지가 적합하고, 약품침전지에는 급속여과지가 일반적이며, 특히 급속여과에는 정수약품 처리를 요한다. 침전지에 관한 일반 사항은 다음과 같다.

① 침전지수는 원칙적으로 2지 이상으로 한다.
② 침전지의 형상은 직사각형으로 하고, 길이는 폭의 3~8배로 표준으로 한다.
③ 유효수심은 4.5~5.5m로 하고, 슬러지 퇴적심도로서 30cm 이상을 두어야 한다.
④ 고수위에서 침전지 벽체상단까지의 여유고는 30cm 정도로 한다.
⑤ 침전지내의 평균유속은 보통침전지일 경우 30cm/분 이하, 약품침전지일 경우에는 40cm/분 이하를 표준으로 한다.
⑥ 침전지의 용량은 계획정수량에 대하여 보통침전지일 경우 8시간분량, 약품침전지일 경우 3~5시간분량, 고속응집침전지일 경우에는 1.5~2시간분량을 표준으로 한다.
⑦ 정류벽의 위치는 유입구에서 1.5m 이상 떨어져서 설치하여야 하며, 정류벽의 공의 유수단면적에 대한 비율은 총면적의 6% 정도를 표준으로 한다.
⑧ 침전지내에 경사판을 설치할 경우 그 설치각도는 60°로 하며, 지내의 평균유속은 0.6m/min 이하가 바람직하다.
⑨ 고속응집침전지를 채택할 때는 원수의 탁도가 10도 정도가 바람직하며, 최대 탁도는 1000도 이하가 바람직하다.
⑩ 고속응집침전지의 지내 평균 상승유속은 40~50mm/분을 표준으로 한다.

침전의 종류는 독립, 응집, 지역, 압축침전이 있으며, 이에 대한 특성을 정리하면 다음과 같다.

표 3.11 침전의 종류 및 특성

침전형식	특징	적용
독립침전	저농도 현탁입자의 침전 독립입자로서 침전하며, 이웃 입자와의 간섭이 없음.	grit, 토사 등의 침전침사지, 상수도의 보통침전지
응집침전	저농도 응집성 입자의 침전, 침전하면서 침강속도가 변함.	상수도, 기타의 약품침전시, 상수도의 최초 침전지, 최종침전지의 상층부
지역침전	뚜렷한 경계면 형성층을 이루어 침전	하수도 최종침전지의 슬러지 침적부 상층
압축침전	슬러지 침적층의 압축과 간극수의 상승분리	하수도 최종침전지의 슬러지 침적부 하층, 슬러지 농축조

① I형 침전(독립침전, 단독침전, Discrete Settling)

비중이 1 보다 큰 무기성 입자가 침전할 때 입자들이 다른 입자들의 영향을 받지 않고 중력에 의해 자연스럽게 침강되는 현상을 독립침전이라 하며, 주로 침사지와 침전지에서 볼 수 있으며 Stokes 법칙이 적용된다.

㉮ Stokes 법칙

$$V_s = \frac{(\rho_s - \rho_w) g d^2}{18\mu} = \frac{(s-1) g d^2}{18\nu}$$

※ 침강속도는 여름철이 겨울철보다 크다.

여기서, ρ_s, ρ_w : 입자, 물의 밀도(kg/m^3), g : 중력가속도, d : 입자직경(m), μ : 물의 점성계수(kg/m·sec), V_s : 입자의 침강속도(m/sec)

㉯ Stokes 법칙의 기본가정

㉠ 입자의 크기는 일정하다.

㉡ 입자의 형상은 구형(球形) 이다.

㉢ 물의 흐름은 층류상태(Re 수 < 0.5) 이다.

㉰ 부상속도 : Stokes 법칙 응용

$$V_s = \frac{(\rho_w - \rho_s) g d^2}{18\mu} = \frac{(1-s) g d^2}{18\nu}$$

② Ⅱ형 **침전**(응집침전, Flocculant Settling)

부유물질, 화학 응집 입자들이 침강하는 동안 입자가 서로 응결되어 점점 커져서 침전 속도가 점차적으로 증가하여 침전되는 현상(약품침전지에 적용)

③ Ⅲ형 **침전**(지역침전, 방해침전, Zone Settling)

고형물질의 농도가 높을 경우 최종침전지에서 입자가 서로 접하게 되면 상호인력에 의해 부착되어 비중이 커져서 침강속도가 증가하여 고형물질인 Floc과 폐수사이에 경계면을 일으키면서 침전할 때 Floc의 밑에 있는 물이 Floc 사이로 빠져 나가면서 동시에 작은 Floc이 부착하여 가라앉는 침전이다.(하수처리장의 2차 침전지에 적용)

④ Ⅳ형 **침전**(압축침전, Compression Settling)

고형물질의 농도가 아주 높은 농축조에서 슬러지 상호간에 서로 압축하고 있어 슬러지는 하부의 슬러지를 서서히 누르면서 하부의 물을 상부로 보내어 분리시키는 침전.(하수처리장의 2차 침전지, 농축조에서 적용)

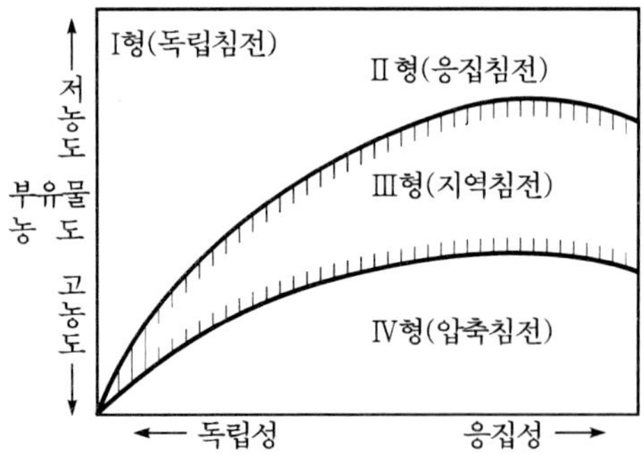

그림 3.11 침전형태의 분류

실무예제 3.8

침사지 내에서 다른 모든 조건이 동일할 때 비중이 1.8인 입자는 비중이 1.2인 입자에 비하여 침강속도는 얼마나 큰가?

풀이

$$\frac{V_{s1}}{V_{s2}} = \frac{s_1 - 1}{s_2 - 1} = \frac{1.8 - 1}{1.2 - 1} = 4$$ 즉, 4배 빨리 침강한다.

실무예제 3.9

비중이 0.2인 입자의 부상속도는 비중이 0.6인 입자의 부상속도의 몇 배인가? (단, 다른 모든 조건은 동일하다.)

풀이

$$\frac{V_{s1}}{V_{s2}} = \frac{1-s_1}{1-s_2} = \frac{1-0.2}{1-0.6} = 2$$ 즉, 2배 빨리 부상한다.

이상적인 침전지의 설계에는 Hazen의 이론이 적용되는데 이는 다음과 같은 식으로 나타낸다. 매우 얕은 침전지에서의 연속류인 경우에 다음과 같다.

$$a = \frac{A \cdot h}{Q}, \quad t = \frac{h}{v}$$

$$\frac{a}{t} = \frac{\frac{A \cdot h}{Q}}{\frac{h}{v}} = \frac{A \cdot v}{Q} = \frac{v}{\frac{Q}{A}}$$

여기서, A : 침전지의 표면적
v : 침전속도
h : 침전지의 깊이
Q : 단위면적당 유입량

여기서, $\frac{Q}{A}$를 표면부하율(surface loading) 또는 월류율(overflow rate)이라 한다.

Hazen의 이론을 요약하면 다음과 같다.

① 모래와 같은 비교적 큰 입자의 침전에 적합하다.
② 어떤 한계 내에서는 침전지의 면적은 깊이보다 중요하다.
③ (체류시간/침강시간)의 값은 충부한 침전효과를 얻기 위하여 1.5이상을 요한다.
④ 유입, 유출의 도류를 잘 하는 것이 중요하고, 침전효과를 약 20 % 올릴 수 있다.
⑤ 침강하여 수저에 도달한 미립자는 밑바닥에 남고 다시 부상하지 않는다.
⑥ 수중의 모든 입자는 수리학적으로 동일하며, 어떤 입자도 같은 침전속도를 갖는다.

수면적 부하란 입자가 100% 제거되기 위하여 요구되는 침전속도를 말하는 것으로 다음 식으로 된다.

$$\text{표면적부하} = \text{수면적부하} = \text{표면침전율} = \frac{\text{유입수량}(m^3/d)}{\text{표면적}(m^2)}$$

$$= \frac{Q}{A}(m^3/m^2d = m/d)$$

여기서, Q : 유입수량(m^3/d)
A : 침전지의 수표면적(m^2)

월류부하와 체류시간은 다음과 같은 식으로 나타낸다.

$$\text{월류부하} = \frac{Q}{L}(m^3/m \cdot d)$$

$$\text{체류시간}(T) = \frac{V}{Q}(h)$$

여기서, Q : 유량(m^3/d, m^3/h)
L : 위어의 길이(m)
V : 침전조의 용적(m^3)

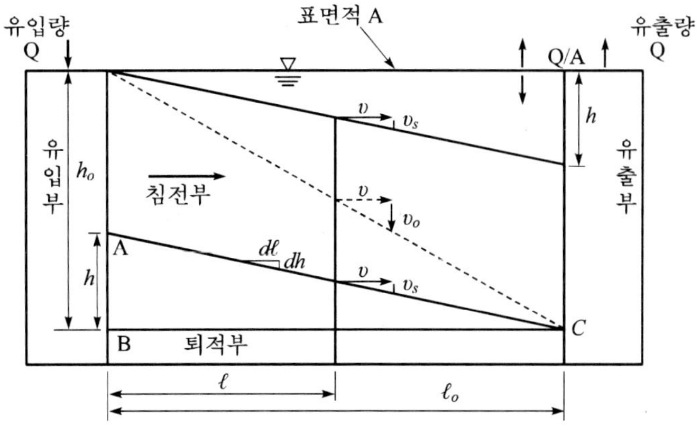

그림 3.12 입자의 침강궤적(이상적인 침전조/수평류, 장방형의 경우)

이상적인 직사각형 연속수평류 침전지는 그 기능에 따라 유입부, 유출부, 침전부 그리고 슬러지부의 네 부분으로 나누어 고려한다.

그림에서 침전속도가 V_3인 독립입자를 가진 등류의 유체를 생각하면 최초위치가 h되는 입자의 운동상태는 유속 V와 침전속도 V_3인 벡터(vector)의 합이 된다. 이때, 모든 입자가 최초의 위치 h에 관계없이 전부 제거될 수 있는 침전속도를 V_0라고 가정하면 한 입자의 침전속도가 V_0보다 크면 제거될 것이고 V_0보다 작으면 최초의 위치에 따라 제거 가능성이 결정된다고 볼 수 있다. 따라서, 침전속도가 V_3인 입자들의 제거율은 h/H가 된다.

$$E=\frac{V_3}{V_0}=\frac{V_3}{\frac{Q}{A}}$$

여기서, Q : 유량(m^3/d)

A : 침전부의 표면적(m^2)

E : 침전처리 효율(%)

침전효율에 영향을 주는 인자는 다음과 같다.

① 침전지의 수표면적은 클수록 효율이 양호해 진다.
② 유체의 흐름은 등류이면서 층류이어야 한다.
③ 수온은 높을수록 좋다.
④ 체류시간은 길수록 좋다.
⑤ 입자의 직경 및 응결성은 클수록 좋다.

실무예제 3.10

깊이 3m, 표면적 500m² 인 정수장 수평류 침전지에 1000m³/hr의 유량이 유입된다. 독립 침전임을 가정할 때 100% 제거할 수 있는 입자의 최소 침강속도는?

풀이

$$V_o=\frac{Q}{A}=\frac{1,000}{500}=2\ m/hr\ .$$

실무예제 3.11

유입수량 100m³ /min, 침전지 용량 8000m³ 인 정수장 침전지의 유효수심 4m일 때, 침전지의 표면 부하율은? (단, 단위는 m/day 임.)

풀이

$$V_o = \frac{Q}{A} = \frac{100/\frac{1}{60}\times\frac{1}{24}}{\frac{8,000\text{m}^3}{4\text{m}}} = 72\ \text{m/d}$$

실무예제 3.12

유효 수심 3.5m, 체류시간 3시간의 정수장 최종 침전지의 수면적 부하는 얼마인가?

풀이

$$V_o = \frac{h}{t} = \frac{3.5}{3\times\frac{1}{24}} = 28\text{m/d}$$

실무예제 3.13

깊이 3m, 길이 24m, 폭 10m인 정수장 장방형 침전조에서 시간당 360m³ 의 유입수를 처리하고 있다. 이 침전조에서 침전속도가 1m/hr인 입자의 평균제거율은?

풀이

$$E(\%) = \frac{V_s}{V_o}\times 100 = \frac{V_s}{Q/A}\times 100 \quad \text{에서}\ E(\%) = \frac{1}{\frac{360}{10\times 24}}\times 100 = 67\%$$

실무예제 3.14

유량이 20000m³ /day인 상수를 처리하기 위하여 침전지를 설계하고자 할 때 수심은 4m, 표면 부하율이 40m³ /m² · day일 때 소요 표면적과 체류시간은 각각 얼마인가?

풀이

$$A = \frac{Q}{V_o} = \frac{20,000}{40} = 500\ \text{m}^2$$

$$t = \frac{h}{V_o} = \frac{4}{40/24} = 2.4\ \text{hr}, \quad \text{또는}\ t = \frac{V}{Q} = \frac{500\times 4}{20,000/24} = 2.4\ \text{hr}$$

침전에는 보통침전, 약품침전, 고속응집침전이 있으며, 이를 정리하면 다음과 같다.

(1) 보통침전법

보통침전은 약품을 사용하지 않고 원수를 자연상태로 유속을 느리게 하던가, 정지상태에서 중력에 의하여 부유물질을 가라앉히는 방법으로서 완속여과법의 전처리로서 사용된다. 호소나 저수지수를 취수할 때는 침전지가 필요 없으며, 대체로 하천수를 취수할 때 필요하다. 보통침전지에는 조작상 상류식과 단류식이 있다.

① 보통침전법은 원수 중의 부유물질이 단속입자이고, 그 입자의 크기, 밀도를 알고 있을 때, Stokes의 법칙 등의 이론으로 침전속도와 침전시간을 구할 수 있다.
② 보통침전으로 제거되는 부유물질의 입자크기는 0.01mm, 무기질이 대부분으로 비중은 2.6이며, 1/100mm 입자의 침전속도는 10℃에서 6.0×10^{-3}cm/s 이다.
③ 보통 정수방법이란 수질기준에 적합하도록 안전하게 처리하는 과정에서 제거되어야 할 불순물의 종류에 따라 침전법, 약품침전법, 여과법, 소독법 및 특수정수방법으로 분류될 수 있다.
④ 정수방법의 선정과 구성은 원수의 수질과 정수의 수질에 의해서 결정된다.
⑤ 보통침전법의 침전효과는 부유물질의 제거율로 나타내며 탁도, 세균 등도 상당히 제거된다. 세균이 제거되는 것은 다른 부유물질에 흡착해서 침전하거나 일광의 세균 작용과 생물간의 생존경쟁 등에 원인이 있다. 보통침전의 후처리인 완속여과가 정상적인 기능을 발휘하기 위해서는 침전수의 탁도가 약 15 이하로 되어야 한다.
⑥ 단류식일 때는 유입지, 정체지, 유출지, 예비지가 필요하며 상류식일 때는 침전지, 예비지가 필요하다.

(2) 약품침전법

혼탁된 물에 포함된 미립자 중 직경 0.003mm 이하와 비중 1.2~1.4의 작은 유기물은 침전에 장시간을 요하며, 보통침전법으로는 침전을 기대할 수 없다. 그러므로 보통침전법으로 제거하지 못하는 미세한 부유물질이나 콜로이드성 물질, 미생물 및 비교적 분자가 큰 용해성 물질을 약품을 사용하여 침전이 가능하도록 불용성 플록을 형성시켜 제거하는 방법이 약품침전법이다. 침전을 신속히 하기 위해서 약품을 주입하여 약품에 의해 미립자가 결합해서 플록을 형성한다. 이 플록은 함수율이 높고 비중이 작지만 입경이 커서 빨리 침전한다.

(3) 고속응집침전법

고속응집침전지는 기존의 플록이 존재하면서 새로운 플록을 형성시키는 것으로, 응집침전의 효율을 향상시키는 것을 목적으로 한다. 고속응집침전지의 채택시 고려사항은 다음과 같다.

① 원수의 탁도는 10도 정도가 바람직하다.
② 최고탁도는 1000도 이하인 것이 바람직하다.
③ 탁도, 수은의 변동이 적어야 한다.
④ 처리수량의 변동이 적어야 한다.

표 3.12 정수방법의 선정기준

정수방법	원수의 수질	처리방법
염소소독 방법	대장균군 50이하 일반세균 500이하 타 항목은 수질기준에 적합	소독설비만으로 처리가능
완속여과 방법	대장균군 1000이하 BOD 2mg/ℓ 이하 연평균 탁도 10도 이하	침전지 불필요 : 연 최고탁도 10도 이하 보통침전지 : 연 최고탁도 10~30도 약품침전 : 연 최고탁도 30도 이상
급속여과 방법	상기 이외	약품침전지 : 탁도 최고 10도 전·후 고속반응침전지 : 최고 1000도 이하 수질, 수량변동이 적을 것

고속응집침전지는 원리상이나 기구상으로 슬러리(slurry) 순환형, 슬러지 blanket형, 양자를 혼합한 복합형, 맥동형, 접촉 침전지 등이 있으며 다음과 같다.

① 슬러리 순환형

새로 유입된 원수와 응집제는 혼합플록을 통하여 항상 침전지내에 순환하면서 고농도의 슬러지와 혼합해서 대형플록으로 성장하여 순환류와 함께 분리부로 이동한다. 이때, 플록은 침강하며 상등수는 홈통(trough)으로 유출하고 잉여슬러지는 방출되어 슬러지농도를 일정하게 순환한다.

② 슬러지 blanket형

상승수류에 의해 부유상태에 있는 슬러지의 하측에서 응집제를 혼합한 원수가 통과하게 되어 다수의 기존플록과 접촉하고 슬러지층 상면에 도달할 때까지 성장하여 상승수류와 균형을 유지하게 된 플록은 상승수류에서 분리되어 기존의 부유슬러지층으로 들어간다. 일반적으로 순환류는 없고 슬러지의 부유는 상승수류에만 존재하는 것으로 균일한 부유물질에 대하여 상등수의 수질이 양호한 장점이 있다.

③ 복합형

최초의 응집과정을 슬러리 순환방식으로 행하고 다음에 슬러지의 성장과 분리를 슬러지 blanket방식에 의하는 것으로 많이 사용되고 있다.

3.3.13 여과(filteration)

여과란 다공질의 여재층을 통해 현탁액을 유입시켜 부유물질을 제거하는 방법으로 상수도에서 흔히 이용되는 여과법은 완속모래여과법(slow sand filtration)과 급속모래여과법(rapid sand filtration)이 있다. 여과는 부유물, 특히 침전으로 제거되지 않는 미세한 입자의 제거에 가장 효과적인 방법이다. 여과방법을 분류하면 다음과 같다.

① 흐름방향에 의한 분류 : 하향류여과(downflow filter), 상향류여과(upflow filter), 2방향여과(biflow filter)
② 여재상의 구성에 따른 분류 : 단층여과, 다층여과
③ 여재상의 추진력에 의한 분류 : 중력식여과, 압력식여과
④ 유량조절방법에 따른 분류 : 일정유량여과, 감소유량여과
⑤ 여과속도 의한 분류 : 완속여과, 급속여과

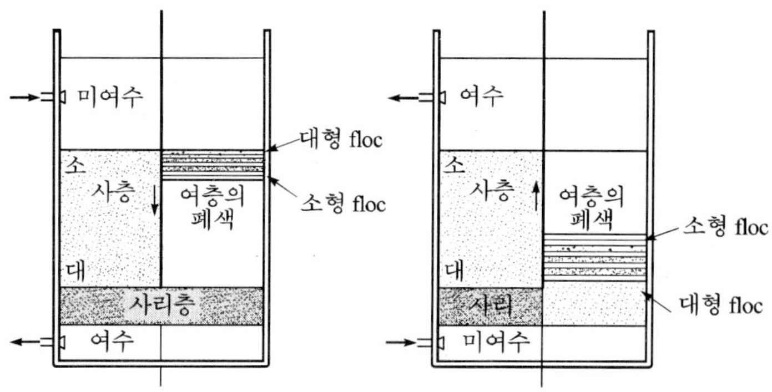

그림 3.13 상향류 여과지의 원리

여과에 사용되는 모래는 균등계수(C_u)를 사용하는데 산정은 다음과 같다.

$$C_u = \frac{D_{60}}{D_{10}}$$

여기서, D_{10} : 10% 통과시료의 입자크기(mm)(유효경),

D_{60} : 60% 통과시료의 입자크기(mm)

실무예제 3.15

여과사의 입도분석 결과가 다음과 같을 때 이 여과사의 균등계수는?

체통과율 입경(%)	5	10	20	40	60	80
입경(mm)	0.2	0.3	0.38	0.6	0.85	1.80

풀이

$$C_u = \frac{D_{60}}{D_{10}} = \frac{0.85}{0.3} = 2.83$$

여과면적은 여과속도와 계획정수량이 결정되면 다음 식으로 총여과면적을 구한다.

$$A = \frac{Q}{V}$$

여기서, A : 계획정수량(m^3/d)

V : 여과속도(m/d)

A : 총여과면적(m^2)

여과방법의 종류 및 특징을 정리하면 다음과 같다.

(1) 미여과(micro staining)

플랑크톤이나 기타 부유물을 제거하기 위한 여과법으로 세밀하게 짜여진 강철망을 여과재로 사용한 것으로 제거된 부유물질에 의해 여과막이 형성되면 양호한 여과효율을 얻을 수 있으나, 완속여과시 공극이 폐색될 우려가 있으므로 주기적으로 역세척을 실시해 주어야 한다. 주로 여과의 전처리(조류나 미생물제거), 폐수의 3차처리 등에 사용된다. 미여과의 특징은 다음과 같다.

① 침전지를 생략할 수 있으나 그 만큼 여과지의 부담은 커진다.
② 약품주입량이 절멸된다.
③ 여과속도를 크게 할 수 있다.
④ 약품주입량을 자동제어할 수 있다.

(2) 모래여과

여과재로 모래나 잔자갈 등을 사용하는 여과방식으로서 급속모래여과와 완속모래여과의 두 가지로 구분된다. 일반적으로 여과법은 대량의 공공용 상수를 얻는데 매우 값이 저렴하고 조작도 비교적 간단하기 때문에 상수도 정수처리법으로 가장 널리 이용되고 있다. 여과속도에 따라 4~5m/d인 완속여과법과 120~150m/d인 급속여과법으로 분류된다.

정수시설은 수질기준에 적합한 필요 정수량을 안전하게 공급할 수 있는 충분한 기능을 갖추어야 한다. 정수방법은 원수의 수질, 정수량, 용지취득, 건설비, 유지관리의 난이도, 관리수준 등을 고려하여 다음 각 방식 중 적절한 방식을 선정하고 반드시 소독설비를 갖추어야 하는데 다음과 같은 방법이 있다.

(1) 염소소독만으로 급수하는 방법

원수의 수질이 언제나 안정, 양호하여 다른 정수시설을 설치하지 않고 소독처리만으로 급수하는 방식이다.

(2) 완속여과에 의한 방법

비교적 수질이 양호한 원수에 적용하며, 원수중의 유기성과 무기성 물질이 여층내에 퇴적하여 생물학적 작용으로 생성된 생물막에 의하여 흡착 및 생물화학적 작용으로 정화된다. 이들 생물여과막은 미량의 암모니아나 망간 및 냄새나는 물질 등을 정화하는 능력이 있으므로 여과수가 위생상 안전도가 높은 좋은 수질이 된다.

(3) 급속여과에 의한 방법

응집침전과 급속여과를 주체로 한 방법으로 완속여과와 같이 여층표면에 여과막을 형성하는 것이 아니고 플록(floc)과 여재 입자표면의 물리, 화학적 작용에 의한 흡착과 플록의 상호흡착을 이용한 것이다.

(4) 특수처리를 포함한 방법

특수처리를 포함한 방식은 상기한 처리방법만으로는 수질기준에 적합한 처리수를 얻을 수 없을 때나 송배수관의 보전상 해로울 경우에 상기 시설 외에 특별성분을 제거할 수 있는 특수처리방법을 조합한 처리방식이다.

완속 및 급속 모래여과법의 특성은 다음과 같다.

1 완속여과

완속여과법은 모래층과 모래층 표면에 증식한 미생물군에 의해서 수중의 불순물을 포착하여 산화분해하는 방법에 의존하는 정수방법이다. 그러므로 생물의 기능을 저해하는 조건을 무시하지만 않는다면 완속여과지에서는 수중의 현탁물질이나 세균이 고도로 저지되고 어느 정도 암모니아성 질소, 취기, 철, 망간, 합성세제, 페놀 등까지도 제거할 수 있다. 여과작용은 여과–흡착–생물학적 응결작용의 혼합으로 미생물층이 모래층 상부표면에 형성되면서 여과작용이 이루어진다. 완속여과의 특징은 다음과 같다

① 세균제거율이 98~99.5% 정도로 높다.
② 여과속도는 4~5m/d 정도이다.
③ 약품의 소요가 불필요하며, 유지관리비가 저렴하다.
④ 처리수의 수질이 양호하다.
⑤ 넓은 부지를 요구하며, 시설비가 많이 든다.
⑥ 탁도가 높거나 심하게 오염된 원수에는 부적당하다.

완속여과지의 구조는 다음과 같다.

① 여과지의 깊이는 2.5~3.5m를 표준으로 한다.
② 모래층의 두께는 70~90cm를 표준으로 한다.
③ 유효경은 0.3~0.45mm, 균등계수는 2.0 이하, 최대경은 2mm 이하로 한다.
④ 여과지유입수의 탁도는 최고 10도를 초과하지 않도록 한다.
⑤ 자갈층의 두께는 40~60cm, 자갈의 최대경은 60mm, 최소경은 3mm로 한다.
⑥ 여과지 모래면상의 수심은 90~120cm를 표준으로 하며, 여과지 천단까지의 여유고는 30cm 정도로 한다.

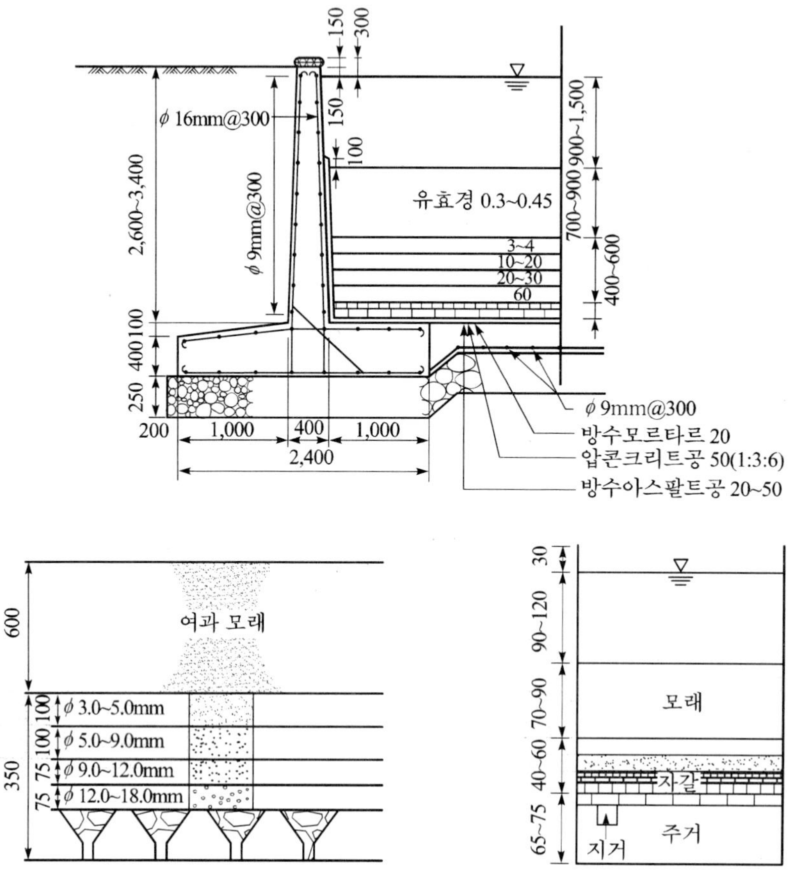

그림 3.14 완속여과지의 구조

완속여과지의 부대설비로는 다음과 같은 것이 있다.

(1) 하부집수장치

모래층과 자갈층을 지지하며 여과수가 모이도록 여과지밑에 설치하고 전여과면에서 균일한 여과속도로 여과가 가능하도록 여과지의 모든 부분에 동일하게 집수하여 작은 손실수두로 유출시킬 수 있도록 설계한다. 완속여과에서는 역세척을 하지 않으므로 급속여과와 같은 특정한 하부장치가 필요 없으며, 집수주거 및 지거상에 콘크리트 블록을 세운 정도의 구조면 충분하다. 하부집수장치의 구조는 다음과 같다.

① 유속은 지거에서 15cm/s 이하, 주거에서 20cm/s 이하로 한다.

② 하부장치의 높이는 67~75cm 정도로 한다.

③ 저부경사는 지거에서 1/150, 주거에서 1/200 정도로 한다.

④ 지거경사는 주거방향으로 1/50 정도로 한다.
⑤ 여과지 저부의 어느 점으로부터도 지거까지의 수평거리는 4m 이하로 한다.

(2) 조절정

각 여과지마다 여과량을 항상 일정하게 유지시켜 주는 역할을 하는 조절정을 설치하며, 조절정에는 유량조절장치, 여과손실수두계, 여과속도 및 여과수량 지시계를 설치한다.

(3) 유입설비

유입관은 완속여과지의 크기에 따라 1~2개소 설치하고, 관경은 평균유속 50cm/s정도가 되도록 정하여야 한다.

(4) 배출수관

모래면상 배출수관의 관경은 배출시간을 3~4시간분량, 모래면 하부 배출수관의 관경은 1~1.5시간분량 정도로 배출할 수 있는 관경으로 하며, 배출수조의 크기는 배출수량 4시간분량 이상으로 한다.

2 급속여과

급속 모래여과는 원수의 침전과 응집처리 후에 남는 비침전성 응결물과 불순물을 제거하는 방법으로 급속여과에서는 비교적 굵은 입상층에 빠른 유속으로 물을 통과 시켜서 주로 여재에 부착되거나 여재에서의 체작용으로 현탁물질의 제거를 기대하는 것이므로 제거대상의 현탁물질은 미리 응집처리를 받아서 부착이나 체작용으로 분리되기 쉬운 상태의 플록이 되어야 한다. 원수는 여과지 상부의 수압과 하부의 흡입력에 의하여 여과층을 통하여 흐르게 되면서 여과–응결–침전의 과정을 거쳐 여과작용이 진행된다. 급속여과의 특징은 다음과 같다.

① 설치면적을 적게 차지하며, 건설비가 적게 소요된다.
② 여과속도는 120~150m/d 정도로 완속여과에 비하여 매우 높다.
③ 탁도가 다소 높은 원수의 처리에 적당하다.
④ 인력이 적게 소요되며, 자동제어가 가능하다.
⑤ 약품사용, 동력소비 등에 따른 유지관리비가 많이 소요된다.
⑥ 여과시 손실수두가 크다

급속여과지의 구조 및 방식은 수리학적으로 중력식과 압력식 여과지로 구분된다.

① **중력식 여과지** : 급속여과지는 중력식 여과지를 표준으로 하는데 여과지 내에 자유수면을 가지고 자연유하식에 의하여 여과를 하는 개방형 여과이다. 여과지의 상부가 개방되었기 때문에 여과지 내의 상태를 점검할 수 있어 관리와 부수가 용이하다.

② **압력식 여과지** : 강철제 원통형의 밀폐탱크에 여과장치를 내장하고 외부에서 유압 원수를 공급하여 여과하는 것이다. 이는 취수 및 도수계통에서 배수까지 압력관의 도중에 설치하면 펌프가압이 1회로써 끝나므로 경제적이며, 소규모인 경우에 상수도용보다 공업용수처리에 사용된다.

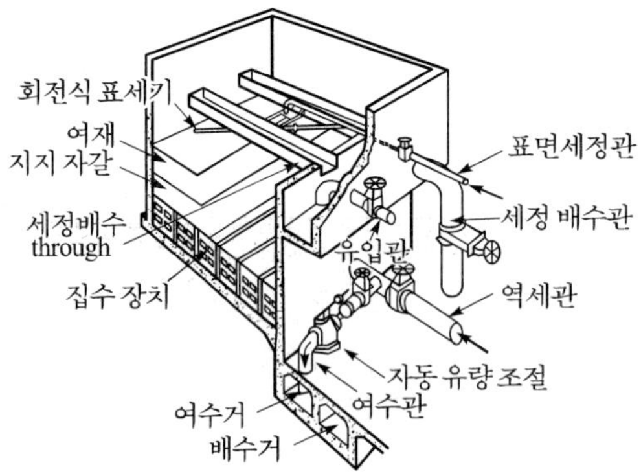

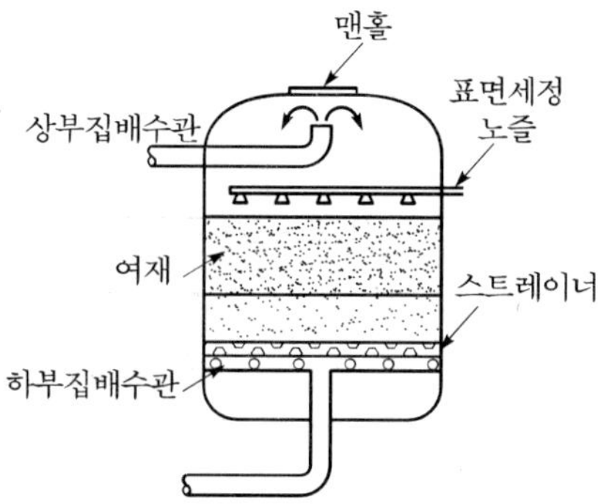

그림 3.15 급속여과지의 구조 : 중력식(좌), 압력식(우)

여과지 형상은 직사각형을 표준으로 하며, 총면적은 계획정수량을 여과속도로 나누어 구하고 여과지 1지의 여과면적은 $150m^2$ 이하로 다음과 같은 식으로 구한다.

$$A = \frac{Q}{V}$$

여기서, A : 총여과면적(m^2)

Q : 계획정수량(m^3/d)

V : 여과속도(m/d)

여과지수는 예비여과지를 포함하여 2지 이상으로 하고 10지를 넘을 때는 여과지수의 1할 정도를 예비여과지로 한다. 모래층의 두께는 60~120cm의 범위로 한다. 자갈층의 두께와 입경은 하부 집수장치에 적합하도록 결정한다. 여과지의 모래 표면상의 수심은 1~1.5m 정도로 하고, 여과지 천단까지의 여유고는 30cm정도로 한다.

여과지의 유입 및 유출량의 평형에 필요한 모래표면상의 수심을 유지하고 각 여과지의 여과유량의 배분을 될수록 동일하게 유지함과 동시에 여과조건의 급격한 변화를 피하기 위해 인출관 도중에 유량조절기(automatic flow rate controller)를 설치한다. 여과의 유량 조절방법은 다음과 같다.

① 정압(정수위)여과

여층의 상류측 수위와 하류측 수위, 즉 여층에 걸리는 압력차가 일정하면 여층의 폐쇄에 따라 여과유량은 서서히 감소하는 여과방식, 측 여과지 수위가 일정하도록 유입과 유출밸브를 조절한다.

실무예제 3.16

계획 급수인구가 5000명인 경기도의 지방자치단체에서 1인 1일 최대 급수량이 200L, 여과속도는 120m/day인 급속 여과지의 면적은?

풀이

$$A = \frac{Q}{V} = \frac{200 \times 10^{-3} \times 5{,}000}{120} = 8.33\text{m}^2$$

표 3.13 완속여과와 급속여과의 비교

구분	완속여과	급속여과
여 과 속 도	4~5m/d	120~150m/d
세 균 제 거	좋다	나쁘다
모래층 투께	70~90cm	60~70cm
모래 유효경	0.3~0.45mm	0.45~1.0mm
균 등 계 수	2.0 이하	1.7 이하
모래상수심	90~120cm	1m 이상
여과지 천단까지의 여유고	30cm 정도	30m 정도
모 래 크 기	최대경 2.0mm 이하	최대경 2.0mm 이하 최소경 0.3mm 이상
여과지의 깊이	2.5~3.5m	2.5~3.5m
마 모 율	3% 이하	3% 이하
강 열 감 량	0.7% 이하	30.7% 이하
산 가 용 률	3.5% 이하	3.5% 이하
세 척 탁 도	30도 이하	30도 이하
비 중	2.55~2.65	2.55~2.65

② 정속(정률)여과

여층폐쇄에 따른 여과유량의 감소를 막기 위하여 상류측 수위를 높이거나 하류측 밸브를 개방하여 손실수두를 감소시켜 여층에 걸리는 압력차를 증가시키고, 일정 여과유량을 유지하기 위하여 여과지의 유출구에 유량계와 조절밸브를 설치하는 여과방식으로 널리 사용되고 있다.

③ 감쇠여과

여과지 수위가 일정하게 수압을 가하지만 유량조절기가 없으므로 여과지가 폐쇄점에 따라 여과수량이 점차로 감소하는 여과법이다.

급속여과에서 여과가 어느 정도 진행되면 모래층 내에 대기압보다 낮은 압력인 부(−)수압의 범위가 확대되어서 전모래층이 부수압으로 된다. 부수압으로 되면 수중에 용존한 공기가 기포로 되어 모래층간에 누적되어 공중에 남는데 이를 공기장애(air binding)라 한다. 공기장애현상은 부수두, 물이 모래층을 통과할 때 수온의 상승 등으로 공기가 유리하여 모래층간에 누적되어 발생한다. 공기장애는 물을 통과시키지 않으므로 모래층의 여과면적을 감소시키고 또 수중의 용존산소가 물로부터 유리되므로 물과의 비중 차이로 부상작용에 의하여 여상을 팽창시켜 여과를 방해시킨다. 공기장애의 방지방법은 다음과 같다.

① 원수가 공기포화상태가 되지 않도록 할 것.
② 여과지 내에서는 수온상승이 일어나지 않도록 할 것.
③ 여과지 사면상의 수심을 크게 하여 부수두(부수압)를 방지할 것.

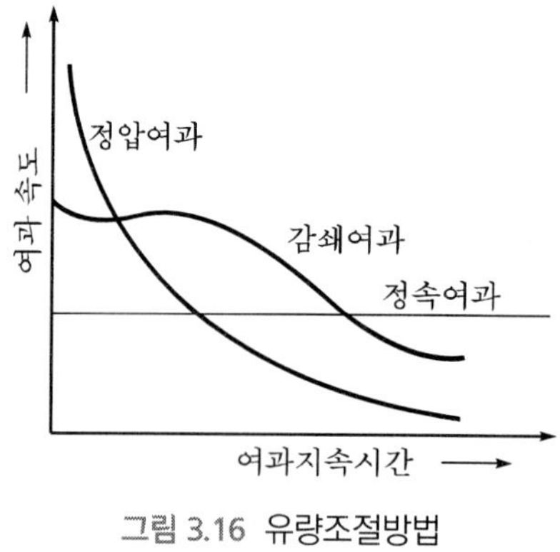

그림 3.16 유량조절방법

공기장애현상이 일어나면 모래층 내의 간극이 폐쇄되거나 모관의 단면이 작아져서 여과유속이 빨라지게 된다. 이때, 유속이 어느 한도 이상으로 되면 여재층 중에 억류되어 있는 플록이 파괴되어 여과수와 같이 유출하는 것을 탁질누출현상(break through)이라 한다. 탁질누출현상의 방지법은 다음과 같다.

① 공기 장애 방지
② 응집에 고분자 응집제(PAC)를 사용

여과에는 여재가 막히는 현상을 해결하기 위하여 역세척이 이용되고, 여재로 사용되는 모래의 팽창비를 알 필요가 있다. 역세척(back washing)은 기계적으로 하여 단시간 내에 여과기능을 회복하는 것이 특징이며, 역세척 방법은 다음과 같다.

① 모래층을 기계적으로 교반 후 물을 역류시키는 방법
② 공기로 모래층을 교란시킨 후 역세척하는 방법
③ 공기와 물을 동시에 분출시켜 역세척하는 방법
④ 물만으로 역세척하는 방법

역세척시 모래층의 팽창비는 역세척 조작에 중요한 지표가 된다. 팽창비가 너무 크면 모래층간의 마찰 및 충동이 작아져서 완전한 세척이 되지 않으므로 30%정도가 적당하다.

$$\text{모래층의 팽창비} = \frac{\text{세척시 패창한 모래층 두께} - \text{비세척시의 모래층 두께}}{\text{비세척시의 모래층 두께}}$$

여과와 역세척으로 인한 Mud Ball 현상은 다음과 같다.

① 여과 및 역세척 조작을 계속 반복하면 세정이 완전히 되지 않고 여과지 표면에 여재입자와 탁질, 점착성 물질이 서로 붙어 점차로 크게 성장하여 작은 덩어리가 발생하게 되는데, 이 작은 덩어리를 mud ball이라 한다.
② 조류 등의 유기물을 포함한 원수나 여재가 작을 경우, mud ball의 발생이 빈번하다.
③ mud ball은 여재의 표층에 있을 경우에는 큰 장해가 없지만, 성장하여 세정시에 여재층 심부로 들어가게 되면 여과수의 수질을 악화시키는 등 저해 작용을 하게 된다.

이를 방지하기 위한 방법으로 강력한 압력수로 표면을 세정하거나 기계교반을 통해 입자들간의 충돌을 일으켜 오염물질을 여재입자에서 오염물질을 분리시키는 등, 완전한 표면세정을 해야 한다.

여과지 손실수두(Carmen-Kozeny Equation)는 여과공정을 감시할 때 사용하는 가장 중요한 수질인자이다. 이는 아래의 식으로 산정하며 특징은 다음과 같다.

$$h = \frac{f}{\psi} \times \frac{(1-\alpha)}{\alpha^3} \times \frac{L}{d} \times \frac{{V_s}^2}{g}$$

여기서, h : 손실수두, L : 여과층 깊이, ψ : 형상계수
d : 여과사 직경, α : 공극률, V_s : 접근 여과속도

① 여과층의 깊이(모래층의 두께)가 클수록 증가한다.
② 모래입자의 크기가 클수록 감소한다.
③ 여과속도가 클수록 증가한다.
④ 물의 점성도가 클수록 증가한다.
⑤ 여과층의 공극률이 클수록 감소한다.

3.3.14 정수지

정수지는 정수를 펌프로 양수하거나 또는 자연유하에 의하여 송수할 때 정전이나 수요량의 급변 등에 의하여 생기는 여과수량과 송수량간의 불균형을 조절하고, 염소 혼화지가 없을 경우 주입한 염소를 균일하게 혼화하는 목적으로 설치된다. 정수지는 정수시설의 최종 단계라고 할 수 있으며, 정수장에 배수지가 있을 경우에는 배수지가 상기 목적에 사용된다. 정수지에 관한 사항은 다음과 같다.

① 구조적으로나 위생적으로 안전하고 내구성 및 수밀성을 가져야 한다.
② 지내의 수온이 외부로부터 영향을 받는 것을 방지하기 위하여 30~60cm 정도의 복토를 둔다.
③ 원칙적으로 2지 이상으로 하고, 1지의 경우는 격벽으로서 2등분하여야 한다.
④ 정수지의 유효수심은 3~6m 정도를 표준으로 한다.
⑤ 고수위로부터 정수지 상부 슬래브까지는 30cm 이상의 여유고를 둔다.
⑥ 정수지저는 저수위보다 15cm 이상 낮게 한다.
⑦ 여과지 바닥에는 저수위 이하의 물을 제거하기 위하여 배출관을 설치하며, 배출구를 향하여 1/100~1/500 정도의 경사를 둔다.
⑧ 정수지의 유효용량은 계획용량의 1시간분량 이상으로 한다.

3.3.15 소독(살균, disinfection)

살균은 소독과 같은 의미로 사용되며, 수중의 세균, 바이러스, 원생동물 등의 단세포 미생물을 죽여 무해화하는 것을 의미한다. 살균처리는 주로 정수처리 과정에서 이용되며, 이외에 생물학적 처리과정에서 운전효율을 높이기 위하여 이용되기도 한다. 살균소독법은 1897년 영국의 Maidstone에서 장티푸스가 유행할 경우에만 표백분을 사용하였으며, 1905년 영국의 Lincoln에서 계속적인 소독으로 표백분을 사용하였다. 1910년 영국 London에서 현재와 같은 염소 소독을 처음 실시하였다.

(1) 살균제

살균제로 사용되는 것은 주로 염소(Cl_2) 및 오존(O_3) 등 산화성 물질이며, 이 외에 자외선이나 은화합물을 살균의 목적으로 사용하기도 한다. 과산화수소(H_2O_2), 브롬(Br), 요오드(I_2) 등도 국부적인 살균용으로 사용된다.

(2) 살균제가 갖추어야 할 조건

① 병원균의 종류에 관계없이 그 살균능력이 강해야 한다.
② 살균속도가 빠르며, 살균에 지속성이 있어야 한다.
③ 주입시 잔류농도로 인하여 인체나 가축 등에 독성이 없어야 하며, 맛이나 냄새를 발생시키지 않아야 한다.
④ 저장, 운반, 취급이 용이하고, 가격이 저렴하여야 한다.
⑤ 주입시 그 농도를 용이하게 측정할 수 있어야 한다.

다음은 살균소독제로 주로 사용되는 염소에 대하여 그 처리방법을 알아본다.

(1) 전염소처리법

염소는 소독을 목적으로 여과 후에 주입되는 것이나 여과 이전에 주입되는 방법을 전염소처리법(prechlorination)이라 한다. 전염소처리는 원수가 심하게 오염되어 세균, 암모니아성 질소와 각종의 유기물을 포함하여 침전, 여과의 정수만으로는 제거되지 않는 경우나 철(Fe), 망간(Mn)을 제거할 목적으로 한다. 염소주입지점은 주로 착수정, 혼화지, 침전지, 유출수 등의 혼화가 잘 되는 곳에 주입한다. 전염소처리의 목적 및 장점은 다음과 같다.

① 일반 세균이 1ml 중 5,000 이상 또는 대장균군이 100ml 중 2,500 이상 존재할 경우 세균을 감소시켜서 안정성을 높이며, 침전지나 여과지의 내부를 위생적으로 유지한다.
② 조류, 세균 등이 다수 서식하고 있을 때 사멸시키고 번식을 방지하기 위해서이다.
③ 원수 중에 용존하고 있는 철 및 망간을 산화 제거하기 위해서이다.
④ 암모니아성 질소, 황화수소, 아질산성 질소, 페놀류, 유기물을 산화 제거하기 위해서이다.

(2) 염소소독법

염소는 강력한 살균력을 가지고 있어 소화기계통 전염 병원균에 유효하며 짧은 시간에 여과수 중의 세균을 사멸시킨다. 염소는 살균제인 동시에 강력한 산화제이기 때문에 수중에 유기물 또는 세균 등이 존재하면 염소는 살균과 산화가 종료될 대까지 소비가 계속된다. 그러므로 급수관에서는 항상 0.2mg/ℓ 이상의 잔류염소가 남도록 염소를 주입해야 하며, 소화기 계통의 전염병이 유행하거나 감압급수의 특별한 경우에는 0.4mg/ℓ 이상 증가시키는 것이 좋다. 유행성 간염, 전염성 설사증의 병원체인 바이러스성 병원체에 대하여는 적어도 유리잔류염소 0.5mg/ℓ 이상이 요구된다. 염소소독의 일반사항은 다음과 같다.

① 잔류염소란 염소주입 후 물 속의 환원제를 산화시키고 남아있는 염소의 양이다.
② 염소요구량이란 주입된 염소의 농도와 남아있는 염소의 농도차이를 말한다.
③ 염소가 물에 녹으면 부식성이 매우 강하게 된다.
④ 염소는 강한 산화제이기 때문에 폐수에 염소를 주입시키면 염소가 폐수내의 유기물을 산화시키기 때문에 폐수의 BOD를 감소시키는데, 주입된 염소 1mg/ℓ 당 2mg/ℓ 의 비율로 BOD가 감소한다.
⑤ 염소는 독성이 강한 황녹색의 기체로 농도가 진하면 눈이 아프고 기침이 날 뿐만 아니라 호흡이 곤란하며 피부에 통증을 일으키므로 염소저장실에 들어갈 때는 공기호흡기 또는 방독면을 착용해야 하며 호흡기계통의 질병이 있는 사람은 접촉하지 않는 것이 좋다.
⑥ 정수기에서 염소주입은 주로 살균이 목적이지만 폐수처리시에는 살균 외에 냄새제거, 부식통제, BOD 제거 등의 목적으로 사용한다.
⑦ 폐수의 살균은 정수와는 달리 100% 살균이 아니고 충분한 양의 염소를 주입해서 15분 후에 0.5mg/ℓ 의 잔류염소를 존재시킨다.
⑧ 유효염소란 염소화합물의 총산화능력의 척도로서 KI의 산성 용액에서 염소화합물에 의하여 방출된 요오드(I_2)를 적정함으로써 결정된다.

염소는 가장 살균력이 강하고 경제적인 살균제인데, 염소의 특징은 다음과 같다.

① 기체상태의 염소는 20℃, 1기압에서 7,160mg/ℓ 정도 용해한다.
② 가격이 저렴하며, 조작이 간단하고 살균력이 강하다.
③ 살균에 지속성이 있다.
④ 염소의 소독효과는 반응시간, 온도 및 염소를 소비하는 물질의 양에 따라 좌우된다.
⑤ 수중에서 유리잔류염소와 결합잔류염소 형태로 존재한다.

결합잔류염소는 최초의 염소주입에 의하여 분해 생성된 암모니아가 존재하고 있는 상태에서 연속적으로 염소가 주입될 때 염소가 암모니아성 질소나 유기성 질소화합물과 반응하여 존재하는 것을 결합잔류염소라 하고, 이의 대표적인 형태가 클로라민(chloramin)이다. 결합잔류염소의 특징은 다음과 같다.

① 살균 후 냄새와 맛을 나타내지 않는다.
② 살균에 지속이 있다.
③ 유리잔류염소에 비해 살균력이 약하다.

유리잔류염소는 염소가 물에 용해되었을 때는 가수분해된다. 이와 같이 수중에 서 HOCI, OCI^- 형태로 존재하는 염소를 유리잔류염소라 한다. 유리잔류염소의 특징은 다음과 같다.

① pH 5 이하에서는 염소분자로 존재한다.
② HOCI가 OCI^- 보다 살균력이 약 80배 정도 강하다.
③ 대장균의 살균을 위한 필요농도는 HOCI가 0.02ppm, OCI^- 가 2ppm 정도 필요하다.
④ HOCI의 살균력은 pH 5.5에서 OCI^- 의 살균력은 pH 10.5 정도에서 최대가 된다.

염소의 살균력 크기는 다음과 같은 순서로 나타낸다.

염소의 살균능력 : **HOCl > OCl^- > Chloramines**

염소의 살균을 좌우하는 인자의 상호 관련을 정리하면 다음과 같다.

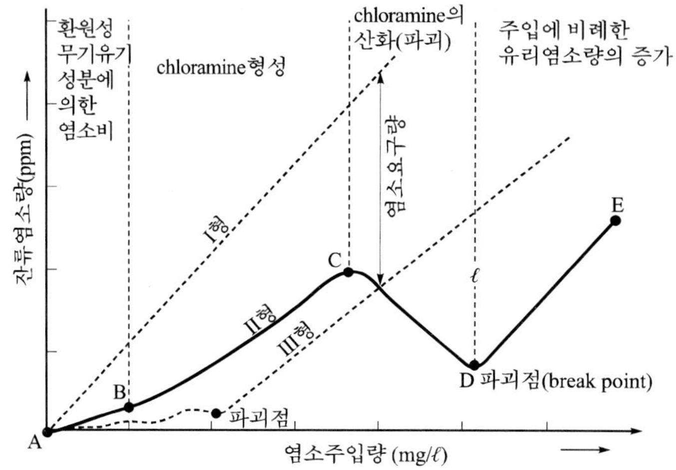

그림 3.17 염소요구량과 염소주입량 관계

그림 3.17에서 염소요구량과 염소주입량과의 관계는 다음과 같은 사항을 나타낸다.

[A~B 구간] : 염소가 수중의 환원제와 결합하므로 잔류염소의 양이 없거나 극히 적다.

[B~C 구간] : 계속 염소를 주입함에 따라 Chloramine이 형성되어, 잔류염소의 양이 증가된다.

[C~D 구간] : 주입된 염소가 Chloramine을 NO, N_2등으로 분해시키는데 소모되므로 잔류염소량은 급격히 떨어짐

[D점 : Break point] : 파괴점을 지나 염소를 계속 주입하면 더 이상 염소와 결합할 물질이 없어 주입된 염소량만큼 잔류염소량으로 남게 된다.

[D~E 구간] : 유리 잔류염소가 수중에 지속되는 구간

염소의 살균을 좌우하는 인자의 상호 관련을 정리하면 다음과 같다.

① pH가 낮은 쪽이 살균효과가 높다.

② 접촉시간이 길수록 살균효과는 커진다.

③ 염소의 농도가 증가하면 살균력도 증가한다.

④ 혐기성 세균에 대하여는 염소는 효력이 없다.

⑤ 수온이 높을수록 염소 및 클로라민의 살균력은 증대한다.

⑥ 산도는 살균효과를 증대하고 알칼리도는 살균효과를 감소한다.

염소의 요구량은 다음과 같이 산정한다.

$$\text{염소요구량} = \text{염소주입량} - \text{유리 및 결합 잔류염소량}$$

$$\text{또는} \quad \text{염소요구량} = (\text{염소주입량} - \text{잔류염소량}) \times \frac{1}{\text{순도}}$$

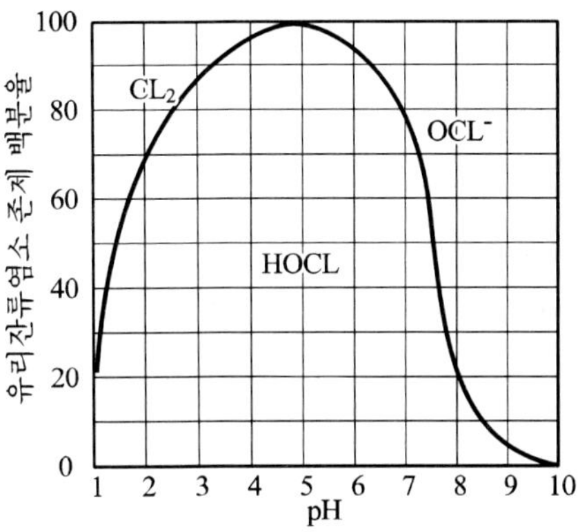

그림 3.18 유리잔류염소의 존재비

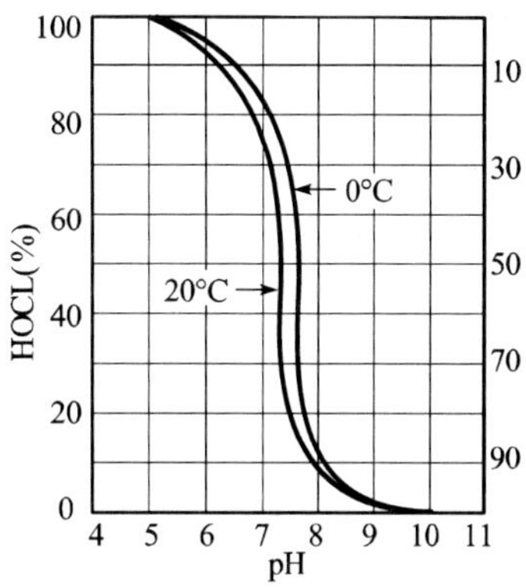

그림 3.19 온도와 pH에 대한 수중의 HOCl, OCl^-의 분포

실무예제 3.17

유량이 3000m³/day인 정수장의 처리수에 7.0mg/ℓ 의 비율로 염소를 주입시켰더니 잔류염소량이 0.2mg/ℓ 였다. 이 처리수의 염소 요구량은 얼마인가?

풀이

$$\{(7-0.2)\times 10^{-3}\}\times 3{,}000 = 20.40 \text{ kg/d}$$

실무예제 3.18

경기도의 지방자치단체에 1일 물 공급량이 5000m³ /d 이다. 이 수량을 염소처리하고자 60kg/day의 염소를 주입한 후 잔류염소 농도를 측정하였더니 0.2mg/ℓ 이었다. 염소 요구량(농도)은 얼마인가?

풀이

$$\text{염소주입농도} = \frac{\text{염소주입량}}{\text{유량}} = \frac{60\text{kg/d}}{5{,}000\text{m}^3/\text{d}} = 0.012\text{kg/m}^3 = 12\text{mg}/l$$

$$\therefore \ \text{염소요구량농도} = 12 - 0.2 = 11.8\text{mg}/l$$

염소소독 이외로는 다음과 같은 방법이 있다.

(1) 오존(O_3)

오존(ozone)은 산화력이 염소에 비하여 매우 강하고 바이러스에 대해서도 매우 효과적인 소독제이다. 여과수에 가하는 오존의 주입량은 2~3mg/ℓ 이하, 물에 대한 용해도는 14~15℃의 증류수에서 약 0.29이므로 주입법에 주의하지 않으면 오존이 낭비된다. 오존처리대상으로는 색, 냄새, 맛, 철, 망간, 유해한 유기물, 세균, 바이러스 등이 있다. 오존처리의 장점 및 단점을 정리하면 아래의 표와 같다.

표 3.14 오존 처리의 장·단점

장 점	단 점
① 물에 화학물질이 남지 않는다. ② 물에 염소와 같은 취미를 남기지 않는다. ③ 유기물에 의한 이취미가 제거된다. ④ 찰. 망간의 제거능력이 크다.	① 경제성이 없다. ② 소독의 잔류효과(지속시간)가 없다. ③ 복잡한 오존발생장치가 필요하다. ④ 수온이 높아지면 오존소비량이 많아진다.

오존은 수처리에 커다란 역할을 할 수 있는 독특한 특성이 있으며, 이를 정리하면 다음과 같다.

① 염소이온보다 두 배나 강력한 산화력을 가지고 있다.
② 오존은 반응속도가 빠르다. 즉, 접촉시간이 짧다.
③ 바이러스나 박테리아 등의 살균에 효능이 우수하다.
④ 오존처리수에는 용존산소가 많이 포함되어 있다.
⑤ 오존에 의한 유기화합물은 염소보다 훨씬 덜 유해하다.

이러한 특성으로 인하여 오존을 살균뿐만 아니라 도시하수의 3차처리에도 적용할 수 있다. 오존처리는 다음의 사항을 효과적으로 처리할 수 있다.

① 살균
② BOD와 COD의 감소
③ 용존산소량의 증가
④ 2차 슬러지의 유기물 분해
⑤ 박테리아 증식의 억제 및 콜로이드층의 파괴

⑥ 활성탄, 여과, 초음파처리 및 다른 화학약품과의 복합처리
⑦ 1차 처리수의 완전한 물리·화학적 처리
⑧ 합류식 하수관거의 우수에 대한 살균
⑨ 악취제거

(2) 자외선법

자외선은 석영유리로 된 수은전기 등에 직류 220V, 3.5A의 전류를 통해서 얻는 파장이 짧은 광선이다. 수심 120mm 이내에서 살균효과를 가진다. 물의 탁도, 색도가 높으면 광선의 투과가 나빠지므로 효율이 떨어지고, 물에 냄새나 맛이 생기지 않고 다량으로 사용해도 해가 없는 이점이 있으나 고가이므로 수도에서는 별로 쓰이지 않고, 호텔, 풀장(pool)이나 청량음료 등의 식품공장에서 사용한다. 자외선법은 강대한 살균력을 가지며, 원수에 접촉시키면 2~3초의 단시간 내에 세균류는 사멸한다.

(3) 브롬(Br), 요오드(I_2)법

브롬, 요오드는 염소와 같이 할로겐 원소이다. 브롬은 염소보다 화학적으로 불활성이므로 살균력도 약하다, 미국에서 풀장의 소독용으로 쓴 예가 있으나 아직 수도에는 쓰이지 않고 있다. 요오드는 9ppm 정도 주입하면 살균이 충분히 된다. 야전용, 풀장용으로 적합하다.

(4) 은화합물

은의 물에 대한 살균력은 고대로부터 인식되어 왔다. 은을 이용한 소독장치에는 oligodynamic이라는 것이 있으며, 은을 전극으로 사용하여 은이온을 수중 내에 발생시키는 장치로 주로 풀장에 쓰인다.

(5) 활성탄 처리법

활성탄 처리법은 고도정수 처리방법의 하나로 통상의 정수처리 방법으로 제거되지 않는 냄새, 맛, 페놀류, 유기물, 합성세제의 제거 등에 사용되며, 분말활성탄 처리법과 입상활성탄 처리법으로 구분된다. 일반적으로 응급적이며, 단기간 사용할 경우에는 분말활성탄 처리법이 적합하며, 연간 연속하거나 비교적 장기간 사용할 경우에는 입상활성탄 처리가 유리하다.

(6) 특수 스크린(microstrainer)법

영국에서 처음으로 개발된 것으로 세밀한 금속망을 붙인 드럼형의 여과기이다. 완속여과

전처리법으로서 수중에 부유하는 현탁물, 플랑크톤, 조류 등의 미세 부유물 등을 여과하는 장치이다. 특수스크린법은 상수도 공업용수의 정수과정에 있어 조류 등을 제거하는 데 많이 이용된다. 특수스크린법의 특징은 다음과 같다.

① 부유생물의 크기에 따라 망눈의 크기를 바꿀 수 있다.
② 처리용 수량이 매우 소량이다.
③ 생물 발생상황에 따라서 적선으로 운전된다.
④ 소유부지가 협소하다.

(7) 직접여과(direct filter)

직접여과법은 다공질의 도기나 금속, 망, 포 등에 의하여 여과를 행하는 것으로서 특수스크린(microstrainer)가 그 대표적인 것이며, 비교적 고농도의 현탁액에 적용된다. 최근의 여과기술이 지향하는 바는 현탁물 저장능력의 향상에 있다고 말할 수 있다. 상향류식, 상·하향류식, 다층여과지 등은 모두 이러한 노력의 결과이다. 이와 같이 여과방향이나 여과구성을 여러 가지로 연구할 뿐만 아니라, 현탁질인 플록입경을 작게 하여 여재간격을 통하여 정당한 심층에 도달함으로써 여층 전체를 유효하게 사용할 수도 있다. 또, 일반적으로 작은 플록은 비중이 크므로 같은 용적의 공간에 보다 많은 양의 현탁물을 억류할 수 있다. 직접여과법의 일종인 미세플록 여과과정(micro-floc process)은 이와 같은 이유에서 발달한 것으로, 급속 교반조를 나온 미세플록의 응집수를 직접여과지에 통하여 처리하는 방법이다. 이 방법은 미국의 Conley와 Pitman에 의해서 원자로의 냉각용수를 확보하기 위하여 개발한 것으로 응집침전을 행하지 않고 원수에 약품을 주입한 후 곧 바로 급속여과를 행하는 것이 특징이며, 실제적으로 적용되는 미세플록 여과과정은 여과지의 유효 억류능력을 한층 높이기 위하여 다층여과지를 사용하게 되며, 현탁물 제거효율을 확실히 하기 위하여 고분자 응집제를 사용하다. 여과층은 다층여과지와 같은 무연탄, 천연규사, 석류석의 3층 여과를 사용하며 여과속도는 230~290m/day이다. 원수의 탁도가 100도 이하인 저탁도일 경우에만 사용하며, 2도 이하로 된 여액은 2단 여과지로 간다. 미세플록 여과과정의 특징은 다음과 같다.

① 침전수의 탁도가 높아도 상관없으므로 침전지를 생략할 수 있다.
② 약품주입량이 절감된다.
③ 약품주입량을 자동제어 할 수 있다.
④ 여과속도를 크게 할 수 있다.

3.4 배출수처리

· TIP

정수장 배출수의 종류, 처리계통, 농축조의 설계 등이 중요하다. 배출수 처리의 목적, 농축조의 체류시간 등도 정리해야 한다.

정수장에서 배출수처리의 대상이 되는 것은 주로 침수슬러지, 여과지의 세척배출수, 세사배출수로서 그 성분은 수도 원수 중 부유물질의 대부분과 용해성 물질의 일부 및 응집제의 플록 등으로 대개 무기성분이나 최근에는 하천의 오탁이나 부영양화 등의 진행에 따라 유기질이 점차 증가하고 있어 정수장에 따라서는 슬러지의 유기성분 비율이 많은 경우도 있다. 배출수 처리방법은 조정, 농축, 탈수 및 처분의 4공정으로 구분되고 이들 4공정의 전부 또는 일부로 구성된다.

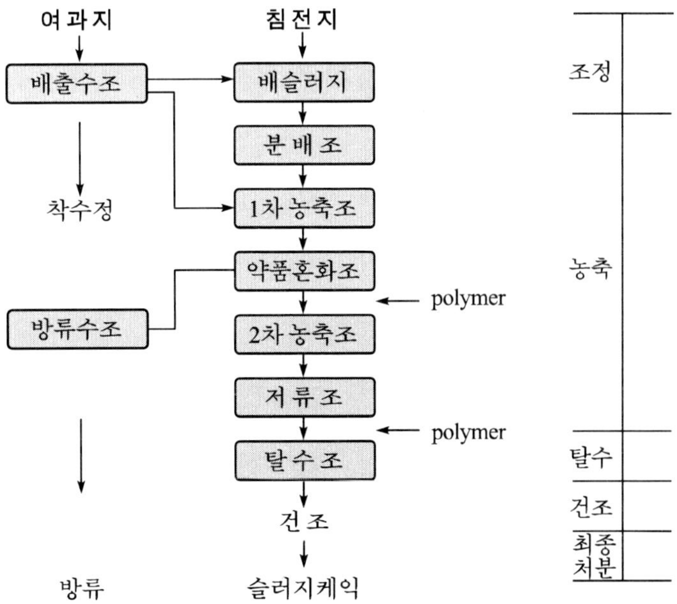

그림 3.20 배출수 처리시설 계통

1 조정

조정은 통상 여과지로부터의 세척배출수와 침수슬러지가 양과 질적으로 일정하지 않고 임의로 배출되므로 이를 일시 저류하고 질과 양을 조정하여 농축조 이하의 시설에 대한 부담을 평균화시키는 조정시설이 필요하다. 조정시설에는 여과지로부터의 세척배출수가 유입하는 배출수지와 침수슬러지가 유입하는 배슬러지지가 있다. 여과지의 세척배출수는 침수슬러지에 비교하여 훨씬 저농도이므로 배출수지에서 일시 저류하여 질과 양적으로 평균화하여 원수에 반송할 수도 있다. 또한, 배출수지에서 농축(고액분리)시킨 다음 배출슬러지지나 농축조에 투입하고 상등수는 하천에 방류하거나 원수로 재이용한다. 배출수지와 배출슬러지지는 다음과 같이 정리된다.

(1) 배출수지

여과지로부터 세척 배출수를 받아들이는 시설.

① **용량** : 1회 세척 배출수량
② **지수** : 2지 이상
③ **유효수심** : 2~4m
④ **여유고** : 60cm 이상

(2) 배출슬러지지

침전지로부터 슬러지를 받아들이는 시설.

① **용량** : 24시간 평균슬러지양 또는 1회 배출슬러지지량 중 큰값
② **지수** : 2지 이상
③ **유효수심** : 2~4m
④ **여유고** : 60cm 이상
⑤ **배슬러지관 및 배출관경** : 150mm 이상

2 농축

농축은 다음처리에 탈수처리를 전제로 할 때는 탈수공정에 들어가기 전에 자연침강으로 슬러지 농도를 높여 주는 것이 유리하다. 일반적으로 기계탈수에서는 슬러지 농도가 높을수록 탈수속도가 빠르고 탈수케이크 함수율도 적어진다. 또, 자연건조에서도 건조상의 면

적을 많이 줄일 수 있고, 건조일수도 단축된다. 약품응집침전과 급속여과에서 발생한 슬러지는 원수상태에 따라 차이가 있으나 수산화알루미늄이 주로 되어 있어 친수성이고, 함수율이 높아 농축이 잘 되지 않는 성질이 있으므로 산처리나 응집 등의 전처리를 있어 농축이 잘 되도록 할 때가 있으며, 이 경우에는 대체로 2차 농축조를 설치하여 농축률을 높인다.

조정농축시설은 침사지, 여과지 등으로부터 배출되는 슬러지를 받아서 탈수시설에 대한 부하를 조정하고, 또 탈수시설의 기능을 효과적으로 발휘시키기 위하여 슬러지의 농도를 높이는 조작이 안정하게 이루어질 수 있는 것이어야 하는데, 이를 정리하면 다음과 같다.

① **배출수지** : 급속여과지로부터 세척배출수를 받아들이는 시설을 말한다.
   ㉮ 배출수지의 용량은 1회에 세척배출수량 이상으로 한다.
   ㉯ 배출수지는 2지 이상으로 한다.
   ㉰ 유효수심은 2~4m, 고수위로부터 조벽 천단까지의 여유고는 60cm 이상으로 한다.

② **배슬러지지** : 약품침전지 또는 고속응집침전지로부터 슬러지를 받아들이는 시설을 말한다.
   ㉮ 배슬러지지의 용량은 24시간의 평균 슬러지량 또는 1회의 배슬러지량 중 큰 양 이상으로 한다.
   ㉯ 배풀수지는 2지 이상으로 한다.
   ㉰ 유효수심은 2~4m, 고수위로부터 조벽 천단까지의 여유고는 60cm 이상으로 한다.
   ㉱ 배슬러지관 및 슬러지 인출관경은 150mm 이상으로 하여야 한다.

③ **농축조**
   ㉮ 농축조의 용량은 계획슬러지량의 24~48시간분량을 표준으로 하고 또 고형물 부하는 10~20kg/m2/d 정도로 한다.
   ㉯ 농축조의 구조 및 형상은 그 사용목적에 적합해야 한다. 또, 고수위로부터 조벽 천단까지의 여유고는 30cm 이상으로 하고 바닥면 경사는 1/10 이상으로 하여야 한다.
   ㉰ 농축조에는 슬러지 스크레이퍼와 슬러지 인출관을 설치해야 하며, 슬러지 인출관의 관경은 200mm 이상으로 하는 것이 좋다.

한편, 농축조는 회복식 농축조와 연속식 농축조가 있는데, 회복식 농축조는 배슬러지지로부터 슬러지가 간헐적으로 배출되는 경우나 처리할 슬러지가 소량일 경우에 사용되는 방식이다. 농축조의 중앙 또는 일방으로부터 슬러지를 농축조 내에 유입시키고 일정 시간 정리시켜 고체와 액체를 분리 후 상등수를 인출하므로, 수위의 변동이 크고 가동식인 상등수

취수장치가 필요하나 일반적으로 운전관리가 용이하다. 배슬러지지에 회분식 농축조의 기능은 대체로 침전지로부터의 배슬러지지가 1일 내지 수일에 1회의 비율로 행하여지는 경우 침강분리의 기능을 부여한 배슬러지지를 설치하여 농축조를 연속식으로 하는 경우가 많다. 상등수의 인출은 회분식의 경우에는 분자식의 가동 위어를 사용한다. 연속식 농축조는 배슬러지지 등으로부터 슬러지가 연속적으로 배출되는 경우나 처리하고자 하는 슬러지가 다량인 경우에 사용되는 방식이다. 연속식 농축조는 매시간 일정량의 슬러지를 농축조 중앙에 공급하고 고체 및 액체의 분리를 하여 저부로부터 일정량의 농축슬러지를 인출한다. 상등수의 인출은 회분식과 달리 수위가 일정하므로 월류위어 등의 고정시기의 상등수 인출장치를 사용할 수 있다. 상등수의 유출은 연속식의 경우에는 고정식 월류위어를 사용한다.

3 탈수

탈수는 농축된 슬러지의 수분과 용적을 감소시켜서 운반과 최종처분을 용이하게 하는 것이 목적이다. 탈수방법에는 자연건조와 기계력을 이용하는 진공여과, 가압여과, 원심분리, 조립탈수 등이 있고 열을 이용하는 건조와 소성 등이 있다. 기계탈수에서는 전처리로서 석회나 응집제를 가하는 경우가 많으나 기본적으로는 약품주입을 하지 않고 탈수처리함이 이상적이다. 또한, 동결융해법은 자연적으로나 인공적으로 슬러지를 동결시킨 다음 재융해시켜 탈수성을 높이는 방법이다. 일반적으로 기계탈수 후의 탈수케이크(찌꺼기)는 그대로 처분되지만 함수율과 용적을 더욱 감소시키고자 할 때는 열건조나 천일건조 및 소성의 공정을 추가시킬 수도 있다.

탈수의 목적은 정수장으로부터 배출된 슬러지를 처분이 용이한 상태로 농축슬러지의 함수량을 감소시켜 체적을 줄임으로써 운반 및 최종처분을 용이하게 하기 위한 것이다. 그러므로 탈수시설은 슬러지량, 농도 및 탈수성 등의 슬러지 성상 또는 처분상의 제약 등에 따라 슬러지를 소정의 함수율이 되도록 적절한 탈수처리를 효율적으로 행할 수 있어야 한다. 탈수방법에는 자연현상을 이용하는 자연건조방법과 기계력을 이용하는 기계탈수식 방법이 있다.

무연 혹은 유리로 덮은 사상에 슬러지를 살포해서 자연건조시키는 방법은 다음과 같다. 생슬러지나 소화가 불충분한 슬러지는 건조하기 어려우며, 다른 탈수방법에 비해 넓은 용지가 필요하고, 기상에 영향을 받고, 냄새가 발생해서 환경이 악화하는 등의 이유로 거의 사용하지 않고 있다.

① 천일 건조상

천일건조상의 면적은 강수, 습도, 기온 등의 기상조건 및 슬러지의 부하방식에 따라서 건조효율을 저하시키지 않는 정도의 두께로 퇴적시킨 슬러지가 소정의 함수율로 되는 데 필요한 건조일수 주어야 한다.

② 라군

라군(lagoon)은 침전슬러지 등을 직접 받아들이고 처분 가능할 정도 이상까지 좋은 효율로 건조시켜야 한다. 1지당의 용량은 1회의 배슬러지량 이상으로 하고, 2지 이상으로 하여야 한다.

전처리시설은 슬러지의 탈수성의 개선효과, 탈수케이크의 처분방법, 유지관리의 난이성 등으로부터 적절한 전처리방식이 효율적으로 행해질 수 있는 것이라야 한다. 전처리시설의 일반사항은 다음과 같다.

① 석회 첨가처리에서 석회의 혼합조, 용해조는 각지 2조 이상 설치하여야 하며, 내알칼리 구조로 하여야 한다.
② 고분자 응집처리설비는 정수장으로부터의 배출수 중 아크릴아미드모노머 농도를 항상 0.01ppm 이하가 되도록 첨가율 제어 등의 조치가 강구되어야 한다. 또한, 고분자응집제를 첨가한 후의 슬러지 분리수가 정수처리공정에 반송되어서는 안 된다.

생슬러지나 소화슬러지(digested sludge)는 함수율이 94~98%의 수분이 차지하고 있다. 이 때문에 이것을 처리하는 데는 막대한 양과 질적으로 불안정한 상태로 되어 있다. 그러므로 슬러지의 부피를 감소하여 취급이나 운반 및 처분 등을 쉽게 하기 위하여 함수율을 저하시키는 것을 슬러지 탈수라고 한다. 소화슬러지는 슬러지 건조상에서 천일건조 또는 기계탈수를 한다. 탈수된 슬러지를 슬러지케이크(sludge cake)라 한다. 탈수기에 관한 사항은 다음과 같다.

① 탈수기는 슬러지의 이상적인 전처리방식, 처분방법, 또 운전관리와의 관련으로부터 적절한 기능을 가진 것이라야 한다.
② 탈수기 용량은 탈수기 성능 및 운전시간 등에 과부족이 없는 것이라야 한다.
③ 탈수기는 2대 이상 설치하는 것이 바람직하다.
④ 탈수기의 종류 : 진공여과기, 기압여과기, 원심분리기, 조립탈수기(드럼의 소요단면 적은 고형물 처리량 60~130kg/m^2/h를 표준으로 한다).

탈수기의 종류별 특성을 정리하면 다음과 같다.

① 진공여과기

드럼, 진공장치 및 여포에 의하여 형성되며, 드럼의 표면에는 원슬러지를 여포를 통하여 진공력을 주어 탈수하는 것이다. 케이크의 함수율은 슬러지 성상이나 전처리방법에 따라서 차이가 크며, 60~80% 정도이다. 오니 교반장치는 액체 중의 고형입자가 조밀에 침전하던가, 그 농도가 불균일하게 되는 것을 방지하기 위하여 설비되어 있다. 여과 회전원통 내는, 10~20개의 부분으로 분할되어 있고, 개개의 여재의 밑은 통상의 공간으로 되어 있다. 오니에 사용되는 부분은 내부가 감압되고, 액체는 여재를 통해서 흡인된다. 흡인된 액체는 1개의 집액 파이프로 모이고, 자동밸브를 통해서 연속적으로 원통 밖으로 배출된다. 여재에 부착된 케이크는 원통의 회전과 더불어 감압 때문에 점차 수분을 분리하고, 다음에 그 표면을 세정하여 통기탈수 후 케이크 배출장치에 의해서 긁어낸다. 이 경우 내부에 압축공기를 보내서 박리를 촉진시키는 일도 있다.

② 원심분리기

고속회전하고 있는 회전드럼형 원심기 중에 고분자응집제 등으로 처리된 원슬러지를 공급한다. 강대한 원심력에 의하여 비중이 큰 고형물은 신속하게 침강하고 회전드럼의 내벽에 부착하여 수분과 고형분으로 분리된다. 원심분리기로부터 나오는 케이크의 함수율은 60~80% 정도이다.

③ 필터 프레스

원수의 오니는 좌측에서 압입된다. 각 프레임의 내부는 연속된 여포가 들어 있고, 이 프레임을 그 일단에 있는 핸들 또는 유압에 의해서 고정시킨 후 원수를 공급관으로부터 압입한다. 그러면 원수는 여과되어 물은 프레임으로부터 낙하하고, 오니는 농축 탈수되어 내부에 남는다. 가압주입은 $1 \sim 10 kg/cm^2$ 정도이지만, 압입의 저항이 증가하면 내부에 충분한 케이크가 이루어져 있으므로 원수의 주입을 막는다.

④ 가압여과기

복수의 여판, 여과틀, 여포에 의하여 형성된 것으로 여판과 여과틀 사이에 여포가 끼워져 있다. 케이크의 함수율은 55~70%로 진공여과 방식에 비교하면 적다.

⑤ 조립탈수기

회전드럼형의 중력식 탈수기로서 원슬러지에 고분자응집제와 물 글라스 등의 조제를 첨가하여 완만하게 교반을 하면 입자는 상호부착 응집한다. 조립탈수기로부터 나오는 케이크의 함수율은 65~80% 정도이다.

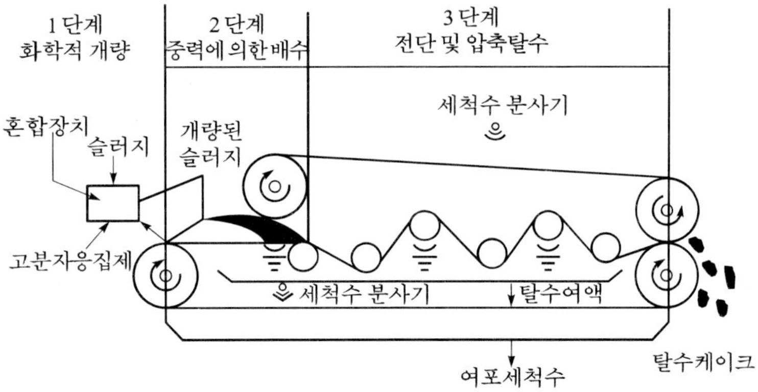

그림 3.21 벨트프레스 탈수기

4 처분

탈수건조된 슬러지케이크는 성토, 매립, 해양투입 등으로 처분된다. 그러나 하수처리장에서 일괄 처리할 수 있을 때에는 정수장에서 하수처리장까지 전용수송관을 설치하여 수송하거나 하수도에 방류할 수도 있으며, 청소업자에게 위탁하여 케이크의 처분을 시킬 수도 있다. 처분시설은 발생한 케이크를 매립지까지 운반하여 매립처분하는 것으로 전문업체에 위탁하여 처리된다. 슬러지케이크 처분시는 처분에 따른 토양오염, 지하수오염, 해양오염, 대기오염 등을 고려하여 해양투기, 매립, 토지살포, 소각 등을 계획하여야 한다. 정수장에서의 발생되는 슬러지는 하수와는 달리 유기물질이 적고, pH가 높아 석회(lime)성분은 산도를 중화시키는 데 주로 사용된다. 그러므로 처분은 대체로 매립이 사용된다. 케이크의 육상처분시 고려사항은 다음과 같다.

① 케이크의 함수율이 85% 이하라야 한다.
② 케이크 처분지로부터 침출수에 의하여 공공용수지역 또는 지하수의 오염을 발생시키지 않아야 한다.
③ 장래의 매립지 이용의 목적에 적합한 것이라야 한다.
④ 충분한 매립용지를 확보하여야 한다.
⑤ 처분지는 케이크를 수송하는 수단, 빈도 및 반입경로 등의 수송면으로 보아 적절한 위치라야 한다.

3.4.1 배출수의 허용기준

정수장의 침전시설과 여과시설은 수질환경보전법 시행규칙 제5조(폐수배출시설), 폐수배출시설과 공통시설 중 정수능력 100m^3/d 이상 시설과 이들 시설(정수장)으로부터 배출되는 폐수는 수질환경보전법 제8조(배출허용기준) 및 동법 시행규칙 제8조 별표 5의 오염물질의 배출 허용기준이 적용되며 아래의 표 3.15에 정리되었다.

표 3.15 BOD, COD, SS의 배출허용기준

		1일 배출량 3000m^3 이상			1일 배출량 3000m^3 미만		
		생화학적 산소 요구량 (mg/ℓ)	화학적 산소 요구량 (mg/ℓ)	부유 물질량 (mg/ℓ)	생화학적 산소 요구량 (mg/ℓ)	화학적 산소 요구량 (mg/ℓ)	부유 물질량 (mg/ℓ)
청정지역	환경기준(수질) Ⅰ등급 정도의 수질을 보전하여야 한다고 인정하는 수역의 수질에 영향을 미치는 지역으로서 환경처장관이 정하여 고시하는 지역	50이하	50이하	50이하	50이하	50이하	50이하
가지역	환경기준(수질) Ⅱ등급 정도의 수질을 보전하여야 한다고 인정하는 수역의 수질에 영향을 미치는 지역으로서 환경처장관이 정하여 고시하는 지역	80이하	80이하	80이하	100이하	100이하	100이하
나지역	환경기준(수질) Ⅲ, Ⅳ, Ⅴ등급 정도의 수질을 보전하여야 한다고 인정하는 수역의 수질에 영향을 미치는 지역으로서 환경처장관이 정하여 고시하는 지역	100이하	100이하	100이하	150이하	150이하	150이하
특례지역	환경처장관이 공단폐수 종말처리 수역으로 지정하는 지역 및 시장·군수가 산업입지 및 개발에 관한 법 제8조의 규정에 의하여 지정하는 농공단지	30 이하	50 이하	70 이하	30 이하	50 이하	70 이하

3.5 기타 정수설비

(1) 소독설비

일반적인 정수방법으로는 수중의 세균을 완전히 제거하기 어려우므로 위생상 안전을 유지하기 위하여 충분하고 확실한 소독을 해야 한다. 소독방법으로는 염소에 의한 것, 오존 등에 의한 것이 있으나 수도법에 의한 수질기준에서는 급수정수가 유지하여야 할 잔류염소량을 규정하고 있다. 염소제의 이점은 소독효과가 완전하고 대량의 물에 대하여도 쉽게 소독할 수 있음과 동시에 소독효과가 잔류하는 점이다. 염소가스는 독성가스에 해당되므로 취급부주의 등으로 인하여 누설될 경우에는 대단히 위험하다. 사고시 빠른 시간 안에 복구시키기 위해서 재해방지설비로 다음과 같은 것을 갖추어야 한다.

① 확산방지설비
② 검지예보설비
③ 중화반응조
④ 배풍기
⑤ 흡수제
⑥ 안전용구

(2) 포기 설비

포기설비는 원수 중에 다량의 부식성 유리탄소, 철 또한 불쾌한 취기 등이 있을 때 이를 제거하기 위하여 설치되는 것으로 포기는 일반적으로 취수지점이나 정수장 등에서 침전, 여과를 행하기 전에 실시한다. 포기방시에는 분수식, 공기취입식, 폭포식, 접촉식 등이 있다.

(3) 알카리제 주입설비

일반적으로 알카리도가 20mg/ℓ 보다 낮은 물이나 유리탄산이 20mg/ℓ 보다 높은 물과 란게리어지수가 부(−)이고, 그 절대치가 큰 물 등은 부식성이 강한 물이라고 한다. 이와 같은 물은 수도시설에 여러 가지 장해를 주므로 이들의 장해를 방지하기 위한 방법의 하나로 알칼리제에 의한 처리법을 사용한다. 알카리제에서 유리탄산을 중화시키는 작용과 pH, 알카리도를 높이는 작용이 있으며, 종류로는 소석회, 소다회, 액체 가성소다가 사용된다.

(4) 철 및 망간 제거설비

철과 망간이 수돗물에 다량 함유되면 물에 이취미를 일으킬뿐더러 색을 유발(철 : 적수,

망간 : 흑수)시키며, 공업용수로도 부적당하다. 이들을 제거하기 위한 방법으로는 포기, 전염소처리, pH 조정처리, 약품산화처리, 약품침전처리 등을 단독 또는 적당히 조합한 전처리설비와 여과지를 설치하여야 한다.

(5) 약품 처리설비

저수지에 발생하는 플랑크톤이나 수로에 발생한 조류, 지하수나 복류수 중에 번식한 철박테리아 등을 약품에 의하여 제거시키기 위한 시설로서 이에 사용되는 약품으로는 염소, 황산구리, 염화구리 등이 있다.

(6) 활성탄 처리시설

활성탄은 흑색 다공성 탄소질의 물질로서 기체나 액체 중의 미세한 불순물을 흡착하는 성질을 나타낸다. 대체로 정수처리로서 제거될 수 없는 냄새, 맛, 합성세제, 페놀류, 기타 유기물 등을 제거하기 위한 처리방법으로 접촉조 내에서의 접촉시간은 적어도 20분 이상으로 해야 한다.

핵심용어 및 내용

1. BOD 공식

① 잔존 BOD 공식(1차 반응, 유기물질의 분해 반응식)

$$L_t = L_a \cdot 10^{-k_1 t} \ \text{또는}\ L_t = L_a \cdot e^{-k_1 t}$$

② 소비 BOD 공식(유기물 제거에 따른 용존산소 소비 반응식)

$$Y = L_a - L_t = L_a(1 - 10^{-k_1 t}) \ \text{또는}\ Y = L_a(1 - e^{-k_1 t})$$

2. 합류 후 농도(C_m)

$$\therefore\ C_m = \frac{C_1 \times Q_1 + C_2 \times Q_2}{Q_1 + Q_2}$$

3. pH(수소이온 농도지수)

① 용액의 액성을 나타내는 지표 : 산성 < pH7(중성) < 알칼리성

② $pH = \log\frac{1}{[H^+]} = -\log[H^+]$

4. 성층현상(Stratification) : 수온차로 인하여 여름과 겨울에 두드러지게 나타남.

5. 부영양화(富榮養化, eutrophication) 촉진 물질 : 질소(N), 인(P)

6. 자정계수(Self Purification Factor) : $f = \frac{k_2}{k_1}$

7. Whipple의 4단계 : 분해지대 – 활발한 분해지대 – 회복지대 – 정수지대

8. 침전과정

① Ⅰ형 침전(독립침전, 단독침전, Discrete Settling)

Stoke's Law : $V_s = \frac{(\rho_s - \rho_w)gd^2}{18\mu} = \frac{(s-1)gd^2}{18\nu}$

② Ⅱ형 침전(응집침전, Flocculant Settling)

③ Ⅲ형 침전(지역침전, 방해침전, Zone Settling)

④ Ⅳ형 침전(압축침전, Compression Settling)

9. 입자의 평균제거율(침전효율)

$$E(\%) = \frac{V_s}{V_o} \times 100 = \frac{V_s}{Q/A} \times 100 = \frac{V_s}{h/t} \times 100$$

10. 침전효율을 크게 하기 위한 조건

① 유량을 적게 한다.
② 침전지 표면적을 크게 한다.
③ 표면 부하율(침전지내 유속)을 적게 한다.
④ 체류시간을 길게 한다.

11. 표면 부하율(수면적 부하, Surface Loading Rate)

$$V = \frac{Q}{A} = \frac{h}{t}$$

12. 응집제의 종류 : 황산알루미늄, 황산 제1철, 황산 제2철, 염화 제2철, PAC

13. Jar-Test(약품교반실험)

적정 응집제 주입량이나 최적의 pH를 주입하기 위한 응집반응 실험.

14. 균등계수 : $C_u = \frac{D_{60}}{D_{10}}$

15. 전염소 처리(prechlorination)

① 철(Fe), 망간(Mn)의 제거를 위해.
② 암모니아성 질소(NH_3-N)를 제거하기 위해.
③ 조류, 세균 제거를 위해.
④ 각종 유기물의 제거를 위해.
⑤ THM의 발생은 억제하지 못함.

16. 유리잔류염소 : HOCl, OCl^-

17. 결합 잔류염소 : Chloramine

18. 염소의 살균능력 : **HOCl > OCl^- > Chloramines**

온도 : 높을수록, pH : 낮을수록(산성) 살균력이 증가한다.

19. 염소요구량 = 염소주입량 - 유리 및 결합 잔류염소량

20. 오존(ozone, O_3) 살균법

병원균에 대한 살균효과가 염소보다 우수하지만 경제성과 잔류효과(지속성)가 없다.

21. 완속여과지

① 모래의 유효경 0.3~0.45mm를 여과사층(모래층) 두께 70~90cm로 설치.
② 균등계수 : 2.0 이하
③ 최대입경 : 2mm 이하
④ 여과속도 : 4~5m/d

22. 급속여과지

① 모래의 유효경 0.45~1.0mm를 여과사층 두께 60~120cm로 설치.
② 균등계수 : 1.7 이하
③ 여과속도 : 120~150m/d

23. 배출수 처리시설

조정 - 농축 - 탈수 - 건조 - 최종처분

되짚어 보기

1. 음료수의 수질 기준에서 ( )안을 채우시오.
   ㉮ 암모니아성 질소는 (　)mg/l를 초과하지 아니할 것
   ㉯ 수소이온 농도는 pH ( ) 내지 8.5
   ㉰ 탁도는 ( )도를 초과하지 아니할 것
   ㉱ 비소는 (　)mg/l를 초과하지 아니할 것

2. 하천의 재포기(reaeration)계수가 0.2/day, 탈산소 계수가 0.1/day 이면 이 하천의 자정계수는 얼마인가?

3. 하천의 자정작용중 최초의 분해지대에서 발생하는 BOD 감소는 주로 (침전, 탁도, 미생물의 번식, 온도변화)작용에 그 원인이 있다.

4. 물의 자정작용에 있어서 가장 큰 영향을 미치게 하는 것은 (물리적작용, 화학적 작용, 생물학적 작용, 자외선 작용)이다.

5. 호소의 부영양화에 관해 설명하시오.

6. 정수장에서 매일 검사해야 하는 항목은 (pH, 염소이온, 암모니아성 질소, 수온)이다.

7. 침전지의 수심이 3m이고 체류시간이 2.5시간이다. 이 침전지의 표면 부하율(Surface loading rate)은?

8. 입자의 최종 침전속도가 8.4 × 10−3 cm/sec, 침전지의 유효수심이 4m이다. 이 침전지에서의 체류시간은 대략 몇시간인가? (단, 모든 입자의 침전속도가 같다고 가정한다.)

9. 이상 침전지에서 침전속도 Vs=0.2cm/sec, 유량 Q=11,000m3/day, 침전지의 유효 표면적 A=70㎡, 수심 h=4m일때 제거율(침전효율)은 얼마 정도 인가?

10. 침전공정의 운전시 가장 중요한 공정관리용 수질지표는 (알칼리도, 염소요구량, pH, 탁도) 중 어느 것인가?

11. 명반을 사용해서 상수를 침전처리하는 경우 약품 주입후 응집조에서 완속교반을 하는 이유는?

12. 어떤 도시의 계획 급수 인구가 250,000 명이며 계획 1일 최대 급수량이 50,000 m3일때 여과속도를 3.5 m/day로 하려고 하는 여과지의 소요면적(A)의 여과지의 폭을 30 m, 길이를 50 m의 장방형으로 할 경우 지(池)의 수(N)을 구하시오.

13. 급속여과 시스템에 의한 정수방법에서 ( )을 채우시오.

약품혼화지 - ( ) - 약품침전지 - ( )

14. 모래여과지에서 손실수두(head loss)에 영향을 주는 인자 중 가장 관계가 먼 것은 (공극률, 여과층의 깊이, 여과속도, 여과지의 표면적)이다.

15. 상수의 정수방법중 염소살균과 오존살균의 장단점을 설명하시오.

16. 다음 염소소독에 관한 설명에서 ( ) 안을 채우시오.

㉮ 염소는 살균작용이외에도 ( )로도 널리 쓰이고 있다.

㉯ 물의 pH가 ( )성일 때 살균효과가 크다.

㉰ 수도법상 상수도에서 잔류염소량은 ( )ppm이 기준이다.

㉱ 염소 살균법에는 ( )법과 후염소법 등이 있다.

17. 정수장의 슬러지 처리과정을 순서대로 나열하시오.

18. 착수정의 설치목적 및 용량을 설명하시오.

19. 여과에서 역세척을 하는 이유를 설명하고, 모래의 팽창비를 쓰시오.

20. 오존(O_3)처리의 특성을 설명하시오.

Appendix

부록

Waterworks facilities

Appendix

부록

1.1 물의 물리적 성질

(1) 온도에 따른 물의 밀도(g_0/cm^3)

t℃	0.0	0.1	0.2	0.3	0.4	0.5	0.6	0.7	0.8	0.9
0	0.999868	875	881	888	894	905	911	911	916	922
1	927	932	936	941	945	949	953	957	961	965
2	968	971	974	977	980	982	984	987	989	691
3	992	994	995	996	997	998	999	999	999	000
4	1.000000	000	000	999	999	998	997	996	995	993
5	0.999992	990	998	986	984	982	980	977	974	971
6	968	965	962	958	955	951	947	943	939	934
7	930	925	920	915	910	905	899	894	888	882
8	876	870	864	858	851	845	838	831	824	817
9	809	802	794	786	778	770	762	754	746	737
10	738	719	710	701	692	683	673	663	653	643
11	0.999633	623	612	602	591	580	570	559	549	535
12	525	513	502	490	478	466	454	442	429	417
13	404	361	378	365	352	339	326	312	299	285
14	271	257	243	229	215	200	186	171	156	142
15	127	111	096	081	066	050	034	018	003	986
16	0.998970	954	938	921	905	888	871	854	837	810
17	803	786	768	750	733	715	697	679	661	643
18	624	606	587	569	550	531	512	493	474	454
19	435	415	396	376	356	336	316	296	275	255
20	234	214	193	172	151	130	109	088	066	045
21	0.998023	002	980	958	936	914	892	869	847	824
22	0.997802	779	756	734	710	987	664	641	617	594
23	570	547	523	499	475	451	426	402	378	353
24	329	304	279	254	229	204	179	154	128	103
25	077	051	026	000	974	948	921	895	869	842
26	0.996816	789	762	736	709	682	655	627	600	573
27	545	518	490	462	434	406	387	350	322	294
28	265	237	208	179	151	122	093	064	035	005
29	0.995976	947	917	888	858	828	798	768	738	703
30	678	648	617	587	556	526	495	464	433	402

(2) 온도에 따른 물의 점성계수(Centipoise=0.01dyne·sec/cm^2)

t℃	0	1	2	3	4	5	6	7	8	9
μ	1.7921	1.7313	1.6727	1.6191	1.5674	1.5188	1.4728	1.4284	1.3860	1.3462
t℃	11	12	13	14	15	16	17	18	19	20
μ	1.2713	1.2363	1.1708	1.1404	1.1111	1.0559	1.0559	1.0559	1.0299	1.0050
t℃	22	23	24	25	26	27	28	29	30	–
μ	0.9579	0.9358	0.9143	0.8937	0.8737	0.8545	0.8360	0.8180	0.8007	–

(3) 온도에 따른 물의 동점성계수(Stokes=cm^2/sec)

t℃	0.0	0.1	0.2	0.3	0.4	0.5	0.6	0.7	0.8	0.9
0	1.792	1.786	1.780	1.774	1.768	1.761	1.755	1.749	1.743	1.737
1	.731	.725	.719	.713	.707	.701	.696	.690	.684	.679
2	.673	.667	.661	.655	.650	.645	.639	.634	.629	.624
3	.619	.613	.603	.608	.598	.592	.582	.577	.572	.572
4	.567	.562	.557	.552	.542	.537	.537	.533	.528	.524
5	1.519	1.515	1.510	1.505	1.500	1.496	1.491	1.478	1.482	1.477
6	.473	.468.	.464	.459	.455	.451	.466	.442	.438	.433
7	.428	.424	.420	.416	.412	.408	.403	.399	.395	.391
8	.386	.383	.379	.375	.371	.367	.363	.359	.355	.351
9	.346	.342	.339	.335	.331	.327	.323	.319	.315	.311
10	1.308	1.304	1.300	1.296	1.293	1.289	1.285	1.282	1.278	1.274
11	.271	.267	.264	.260	.256	.253	.250	.246	.243	.240
12	.237	.233	.230	.226	.223	.229	.217	.214	.211	.207
13	.204	.201	.198	.194	.191	.185	.182	.178	.175	.175
14	.172	.169	.166	.162	.159	.156	.153	.150	.147	.144
15	1.141	1.138	1.135	1.132	1.129	1.126	1.123	1.120	1.117	1.115
16	.112	.109	.106	.103	.100	.098	.095	.092	.089	.063
17	.048	.081	.078	.075	.072	.069	.067	.065	.062	.059
18	.057	.055	.053	.050	.047	.045	.042	.040	.037	.035
19	.032	.029	.026	.024	.022	.019	.017	.014	.012	.009
20	1.007	1.004	1.002	1.000	0.997	0.995	.993	0.990	0.988	0.986
21	0.983	0.981	0.978	0.076	.974	.972	.969	.967	.964	.962
22	.960	.958	.95	.953	.951	.949	.947	.945	.942	.940
23	.938	.936	.934	.932	.929	.927	.925	.923	.921	.919
24	.917	.915	.913	.911	.909	.907	.905	.903	.901	.895
25	0.897	0.895	0.893	0.893	0.891	0.889	0.887	0.885	0.883	0.879
26	.877	.875	.873	.871	.869	.867	.866	.864	.862	.860
27	.858	.856	.854	.852	.850	.848	.846	.845	.843	.841
28	.839	.837	.835	.833	.832	.830	.828	.826	.825	.823
29	.821	.819	.818	.816	.814	.813	.811	.809	.808	.806
30	0.804	0.803	0.801	0.799	0.798	0.796	0.794	0.793	0.791	0.790

(4) 온도에 따른 물의 표면장력 (dyne/cm)

t℃	0	5	10	15	16	17	18	19	8	9
T	75064	74.92	74.22	73.49	73.34	73.19	73.05	72.90	1.3860	1.3462
t℃	20	21	22	23	24	25	30	–	30	–
T	72.75	72.59	72.44	72.28	72.13	71.97	71.18	–	0.8007	–

1.2 단위환산

(1) 길이

미크론(micron) $1\mu = 1\mu m = 10^{-6}m$

옹그스트롬(angstrom) $1\text{Å} = 10^{-10}m$

야아드(yard) $1yd = 0.9144m$

피이트(feet) $1ft = \frac{1}{3}yd = 0.3048m$

인치(inch) $1\,in. = \frac{1}{36}\,yd = 0.0254\,m$

마일(mile) $1mi = 1760yd = 1609.344m$

海里(nautical mile) $1\,n.mi = 1852m$

光年(light year) $1\,light\ \ year = 9.4614 \times 10^5 m$

(2) 面積

아아르(are) $1\,a = 100m^2$

헥타아르(hectare) $1\,ha = 10^4 m^2$

제곱인치(square inch) $1\ \ in^2 = 0.4516 \times 10^{-4} m^2$

제곱 피이트(square feet) $1ft^2 = 9.290304 \times 10^{-4} m^2$

제곱 야아드(square yard) $1yd^2 = 0.836127m^2$

제곱 마일(square mile) $1mi^2 = 2.58999km^2$

에이커(acre) $1\ \text{arce} = 4840yd^2 = 4046.86m^2$

평 $1\text{평} = 3.30579m^2$

(3) 體積

리 터(liter)	$1l = 1bm^3 = 10^{-3}m^3$
세제곱 센티미터	$1cm^3 = 1.c.c = 10^{-6}m^3$
세제곱 인치	$1in^3 = 16.3871 \times 10^{-6}m^3$
세제곱 피이트	$1ft^3 = 28316.8 \times 10^{-6}m^3$
세제곱 야아드	$1yd^3 = 0.764555m^3$
갤론(galion)	$1gal = 3.78564 \times 10^{-3}m^3$
에이커·피이트(acre-feet)	$1acre \cdot ft = 1230m^3$
에스. 에프. 디(sfd)	$1sfd = 1ft^3/\sec \cdot day = 2450m^3$

(4) 體積流量

리터	$1l/\sec = 10^{-3}m^3/\sec$
입방피이트.	$1ft^3/\sec = 1cfs = 2,83168m^3/\sec$
갤론.	
갤론. 海分(gallon per second)	$1gal/\sec = 3.79 \times 10^{-3}m^3/\sec = 327m^3/day$
갤론, 海日(gallon per day)	$1gal/day = 4.38 \times 10^{-8}m^3/\sec$
에이커. 피이트 海日(acre-feet-per day)	$1acre \cdot ft/day = 0.0143m^3/\sec$

(5) 時間

分(minute)	$1\min = 60\sec$
時(hour)	$1hr = 360\sec$
日(day)	$1day = 24hr = 86400\sec$

(6) 質量

그램 (gram)	$1g = 10^{-3}kg$
톤(tonne)	$1t = 10^3kg$
카랏트(carat)	$1ct = 200mg = 10^{-5}kg$
파운드(pound)	$1lb = 0.45359237kg$

슬러그(slug)	$1slug = 14.5939kg$
그레인(grain)	$1gr = \frac{1}{7000}lb = 64.7989mg$
온스(ounce)	$1\ oz = \frac{1}{16}lb = 28.3495g$
英國톤(ton)	$1t = 2240lb = 1016.05kg$
美國톤(short ton)	$1sh.t = 20001b = 907.185kg$

(7) 힘

뉴우톤(Newton:뉴우톤)	$1N = 1kg \cdot m/\sec^2$
다 인(dyne)	$1dyne = 1g \cdot cm/\sec^2 = 10^{-5}N$
킬로그램(kilogram weihgt)	$1kg = 9.80665N$
파운드重(pound force)	$1lbf = 4.44822N$
파운달(poundal)	$1pdl = 0.138255N$

(8) 에너지, 일

주 울(joule)	$1\ J = \cdot 1Nm$
에르그(erg)	$1erg = 10^{-7}J$
칼로리(thermochemical calorie)	$1cal = 4.184J$
I.T.칼로리(International steam table calorie)	$1cal_{I.T.} = 4.1868J$
킬로와트·時(kilowatt-hour)	$1Kwh = 3.6 \times 10^6 J$
킬로그램重·미터(kilogram-meter)	$1Kgw \cdot m = 9.80665J$
피이트·파운드重(feet-pound force)	$1ft \cdot 1bf = 1.35582J \times 10^{-2}$
제곱 야아드(square yard)	$1yd = 0.836127m^2$
피이트·파운달(feet-poudal)	$1ft \cdot pdl = 0.0421401J$

(9) 動力

킬로칼로리·海時	$1\ Kcal/hr = 1.16222\ W$
킬로그램重·메타	$1kgw \cdot m/\sec = 9.80665\ W$
피이트·파운드·	$1ft \cdot lbf/\sec = 1.35582\ W$
佛馬力(metric horse power)	$1\ P.S = 75w \cdot m/\sec = 735.499\ W$
英馬力(British horse power)	$1\ hp = 745.7\ W = 550ft \cdot lbf/\sec$

(10) SI 단위로 환산 및 SI 단위 접두어

	변 환 기존 단위 → SI 단위	배 수
압 력	kgf/cm^2 → Pa(Passcal)	9.8×10^4
	kgf/m^2 → Pa	9.8
	mH_2o → Pa	9.8
	mmH_2o → Pa	9.8×10^3
에너지, 일량	kgf·m → J(Joule)	9.8
공률, 동력	PS(마력) → W(Watt)	735(=9.8×75)
힘	gf(그램重) → N(Newton)	9.8×10^{-3}
	kgf(킬로그램重) → N	9.8
	tf(톤중) → N	9.8×10^3

Index 찾아보기

인용 및 참고문헌

■ 국외 참고 문헌

1. V.T. CHOW, Open Channel hydraulics, McGraw-Hill, 1959
2. Riddick, T.M., Water and Sewage Works, Vol. 104, p.231, 1957
3. Chow, V.T.(Ed), Handbook of Applied Hyerology, McGraw-Hill, NewYo가, N.Y, 1964
4. Laurie, A.H, Water and Waste Treat, Vol. 8, p.363, 1961
5. Crawford, N.H. and Linsley, R.K, Digital Simulation in Hydrology: Stanford Watershed Model IV, Technical Report No. 39, Stanford University, Stanford, Calif, 1966
6. De Wiest, R.J.M, Geohydrology, John Wiley & Sons, New York, N.Y, 1965
7. Fiering, M.B and Jackson, B.B, Synthetic Streamflows, Water Resources Monograph No. 1, American Geophysical Union, New York, 1971
8. Hammer, N.J. and Mac Kichan, K.A, Hydrology and Quality of Water Resources, John Wiley & Sons, New York, N.Y, 1981
9. Harr, M.E, Groundwater and Seepage, Mcgraw-Hill, New York, N.Y, 1962
10. Kottegoda, N.T, Stochastic Water Resources Technology, Macmillan Press, London. 1980
11. Heaths, W.A., Water and Sewage Works, Vol. 108, p.200, 1961

■ 국내 참고 문헌

1. 강용태, "상하수도공학", 형설출판사, 1995
2. 건설교통부, 상수도시설기준, 1993
3. 건설교통부, 하수도시설기준, 1993
4. 노 섭, "응용수문학", 도서출판 청호, 2000
5. 노 섭, 정용태, "상하수도공학", 도서출판 청호, 2001
6. 송재우, "수리학", 구미서관 1998
7. 윤용남, "공업수문학", 청문각, 1991
8. 정규영, "상수도공학", 동명사, 1973
9. 이삼노 · 박성천, 물과 현대생활, 구미서관, 2002
10. 이상도 · 노 섭, 상하수도공학, 한솔아카데미, 2017
11. 한국수자원개발공사, 한국의 물 자원, 1970
12. 한림학사, 물의 이용, 2007

저자 소개

노 섭 (박사) 홍익대학교 (토목공학/수자원공학)
(석사) 홍익대학교 (토목공학/수자원공학)
(학사) 홍익대학교 (토목공학)

- **경력** (현재) 여주대학교 건축 · 토목과 정교수
  - 한국환경산업기술원 심의평가위원
  - 경기도 건설기술심의위원 수자원분야 (2019년~현재)
  - 행정안전부 정책자문위원(재난관리)
  - 행정안전부 자연재해 저감종합계획 심의위원
  - 행정안전부 중앙/지방 재해영향성검토 심의위원
  - 행정안전부 재해복구 사전심의위원
  - 행정안전부 지방자치단체 재난관리평가위원(2017~현재)
  - 행정안전부 안전한국훈련 컨설팅 및 평가위원/지역안전도 평가위원(2017~현재)
  - 경기도, 양평 (소)하천관리위원
  - 경기도 댐/저수지 안전관리위원, 소하천관리위원
  - 한국수자원공사 기술/설계심의위원
  - KOICA 기술심의위원
  - 경기경찰청 재해재난분야 외래강사
  - 전국 법원전문심리위원(수자원 분야)
  - 여주지청 검찰위원회
  - 여주 도시계획위원
  - 여주 상수도 자문회의 위원장
  - 여주 하수처리장 용역 및 기술평가위원
  - 한강수질모니터링단/수자원공사/환경부

- **학회/역임**
  - 대한토목학회 정(평생)회원
  - 한국수자원학회 정(평생)회원
  - 한국방재학회 정(평생)회원/기획위원
  - 한국방재협회 정(평생)회원
  - 한국방재협회 신기술평가위원
  - 재해경감협회 심의위원/반장
  - 前 민주평화통일 자문위원
  - 한국방재안전학회 정(평생)회원/이사(現)

- **표창**
  - 한국방재학회 회장 표창(2005. 03.)
  - 대통령표창(재해대책분야, 2006. 05.)
  - 안전행정부장관 표창(사전재해검토분야, 2013. 12.)

- **저서**
  - 수리학, 응용수문학, 상하수도공학, 재난관리론 등 16편

상수도시설 정가 15,000원

저자 : 노섭

발행인 : 임해진
발행처 : 도서출판 구미서관

인쇄 : 2022년 1월 20일
발행 : 2022년 1월 27일

등록 : 1979년 6월 29일 No.9-6호
주소 : 서울시 마포구 신촌로 2길 5-15 구미빌딩
전화 : 02-333-1101
팩스 : 02-335-2201
http://www.goomibook.com

ISBN 979-11-6257-199-6 (93530)